U0162584

国家出版基金项目
NATIONAL PUBLICATION FOUNDATION

"十三五"国家重点出版物出版规划项目·重大出版工程规划

5G 关键技术与应用丛书

全双工无线通信理论与技术

张中山 著

科学出版社

北 京

内 容 简 介

随着移动通信技术的快速发展以及智能终端的迅速普及，网络数据量呈指数增长，这对无线频谱效率提出了更高要求。同时同频全双工技术应运而生，有望获得比传统半双工技术高出将近一倍的频谱效率。本书重点介绍了全双工系统的核心技术，即自干扰消除，总结了国内外最新研究成果，阐述了主动与被动自干扰消除方法及其特点，并在此基础上介绍了全双工 MAC 协议的设计与优化。最后，探讨和分析了无线全双工技术的主要应用领域，并对未来重点研究方向进行了展望。

本书可供从事无线通信研究与实践的工程技术人员参考，也可作为高等院校通信工程相关专业高年级本科生和研究生的参考书。

图书在版编目（CIP）数据

全双工无线通信理论与技术 / 张中山著. — 北京：科学出版社，2020.10

（5G 关键技术与应用丛书）

"十三五"国家重点出版物出版规划项目· 重大出版工程规划国家出版基金项目

ISBN 978-7-03-066188-3

Ⅰ. ①全… Ⅱ. ①张… Ⅲ. ①双工传输－无线电通信－通信技术 Ⅳ. ①TN919.3

中国版本图书馆 CIP 数据核字（2020）第 177458 号

责任编辑：王 哲 / 责任校对：杨 然
责任印制：师艳茹 / 封面设计：迷底书装

科 学 出 版 社 出版
北京东黄城根北街 16 号
邮政编码：100717
http://www.sciencep.com

三河市春园印刷有限公司 印刷

科学出版社发行　各地新华书店经销
*

2020 年 10 月第 一 版　开本：720×1 000 B5
2020 年 10 月第一次印刷　印张：8 1/4 插页：1
字数：166 000

定价：**99.00 元**

（如有印装质量问题，我社负责调换）

"5G 关键技术与应用丛书" 编委会

序

由科学出版社出版的"5G关键技术与应用丛书"经过各编委长时间的准备和各位顾问委员的大力支持与指导,今天终于和广大读者见面了。这是贯彻落实习近平同志在2016年全国科技创新大会、两院院士大会和中国科学技术协会第九次全国代表大会上提出的广大科技工作者要把论文写在祖国的大地上指示要求的一项具体举措,将为从事无线移动通信领域科技创新与产业服务的科技工作者提供一套有关基础理论、关键技术、标准化进展、研究热点、产品研发等全面叙述的丛书。

自19世纪进入工业时代以来,人类社会发生了翻天覆地的变化。人类社会100多年来经历了三次工业革命:以蒸汽机的使用为代表的蒸汽时代、以电力广泛应用为特征的电气时代、以计算机应用为主的计算机时代。如今,人类社会正在进入第四次工业革命阶段,就是以信息技术为代表的信息社会时代。其中信息通信技术(Information Communication Technology,ICT)是当今世界创新速度最快、通用性最广、渗透性最强的高科技领域之一,而无线移动通信技术由于便利性和市场应用广阔又最具代表性。经过几十年的发展,无线通信网络已是人类社会的重要基础设施之一,是移动互联网、物联网、智能制造等新兴产业的载体,成为各国竞争的制高点和重要战略资源。随着"网络强国"、"一带一路"、"中国制造2025"以及"互联网+"行动计划等的提出,无线通信网络一方面成为联系陆、海、空、天各区域的纽带,是实现国家"走出去"的基石;另一方面为经济转型提供关键支撑,是推动我国经济、文化等多个领域实现信息化、智能化的核心基础。

随着经济、文化、安全等对无线通信网络需求的快速增长,第五代移动通信系统(5G)的关键技术研发、标准化及试验验证工作正在全球范围内深入展开。5G发展将呈现"海量数据、移动性、虚拟化、异构融合、服务质量保障"的趋势,需要满足"高通量、巨连接、低时延、低能耗、泛应用"的需求。与之前经历的1G~4G移动通信系统不同,5G明确提出了三大应用场景,拓展了移动通信的服务范围,从支持人与人的通信扩展到万物互联,并且对垂直行业的支撑作用逐步显现。可以预见，5G 将给社会各个行业带来新一轮的变革与发展机遇。

我国移动通信产业经历了 2G 追赶、3G 突破、4G 并行发展历程，在全球 5G 研发、标准化制定和产业规模应用等方面实现突破性的领先。5G 对移动通信系统进行了多项深入的变革，包括网络架构、网络切片、高频段、超密集异构组网、新空口技术等，无一不在发生着革命性的技术创新。而且 5G 不是一个封闭的系统，它充分利用了目前互联网技术的重要变革，融合了软件定义网络、内容分发网络、网络功能虚拟化、云计算和大数据等技术，为网络的开放性及未来应用奠定了良好的基础。

为了更好地促进移动通信事业的发展、为 5G 后续推进奠定基础，我们在 5G 标准化制定阶段组织策划了这套丛书，由移动通信及网络技术领域的多位院士、专家组成丛书编委会，针对 5G 系统从传输到组网、信道建模、网络架构、垂直行业应用等多个层面邀请业内专家进行各方向专著的撰写。这套丛书涵盖的技术方向全面，各项技术内容均为当前最新进展及研究成果，并在理论基础上进一步突出了 5G 的行业应用，具有鲜明的特点。

在国家科技重大专项、国家科技支撑计划、国家自然科学基金等项目的支持下，丛书的各位作者基于无线通信理论的创新，完成了大量关键工程技术研究及产业化应用的工作。这套丛书包含了作者多年研究开发经验的总结，是他们心血的结晶。他们牺牲了大量的闲暇时间，在其亲人的支持下，克服重重困难，为各位读者展现出这么一套信息量极大的科研型丛书。开卷有益，各位读者不论是出于何种目的阅读此丛书，都能与作者分享 5G 的知识成果。衷心希望这套丛书能为大家呈现 5G 的美妙之处，预祝读者朋友在未来的工作中收获丰硕。

中国工程院院士

网络与交换技术国家重点实验室主任

北京邮电大学 教授

2019 年 12 月

前　言

随着网络技术的不断发展以及泛在业务的层出不穷，未来通信网络亟须显著提高频谱效率以满足指数增长的用户数据与多样化的业务需求。然而传统的半双工（Half-Duplex，HD）无线通信系统在不同的时隙或不同的频段进行信号发射和接收，这严重制约了无线频谱效率的提升。尽管一些典型半双工增强技术（如连续解码、缓存辅助中继等）被相继提出，但半双工模式本身所导致的信道容量减半问题始终不能得到有效解决。

全双工（Full-Duplex，FD）通信技术从根本上避免了半双工通信中由信号发射/接收之间的正交性所造成的频谱资源浪费，从而有望实现通信系统信道容量的倍增。相对半双工通信而言，全双工通信具有显著的性能优势，包括提升数据吞吐量、避免无线接入冲突、解决隐藏终端问题、降低拥塞、降低端到端延迟、提高认知无线电环境下的主用户检测能力等。

本书概述了现有的全双工技术，并对其优缺点进行了分析。将自干扰消除技术分为三类：被动自干扰抑制、主动模拟自干扰消除和主动数字自干扰消除，并比较了其优缺点。此外，为了解决通信网络中存在的端到端延迟以及网络拥塞问题，本书讨论了 FD-MAC 协议设计。本书还进一步论述了实际系统环境下的全双工算法设计与实现，包括中继网络编码、中继选择以及动态资源分配等。最后，本书对全双工通信未来研究方向进行了探讨。

本书共 8 章。第 1 章对全双工技术进行了系统概述，包括全双工通信的发展以及核心问题。第 2 章从信道容量、中断概率及误比特率等方面介绍了全双工通信的优势。第 3~7 章讨论了国内外全双工技术的研究热点，其中，第 3 章研究了自干扰信号的测量问题。第 4~5 章研究了自干扰消除技术。第 6 章探讨了 MAC 层协议的设计。第 7 章介绍了实际系统中全双工算法的设计与实现问题。第 8 章分析了全双工通信面临的技术挑战，并对未来研究方向进行展望。

目　　录

彩图

第1章 绪 论

通信网络承载着日益增长的数据业务,需要进一步提高网络的频谱效率。为此,学术界和工业界提出了多种先进的技术(如协作通信)来有效对抗信道衰落并增强网络的覆盖范围,提升系统的吞吐量。然而,现有的无线通信系统通常采用时分或者频分双工技术进行信号的发送和接收,即采用半双工技术进行通信,这造成了无线频谱资源的极大浪费。尽管一些典型的半双工增强技术(如连续解码、缓存辅助中继等)被相继提出,但半双工模式本身所导致的信道容量减半问题始终不能得到有效解决。

全双工技术避免了半双工所需的两个正交信道,因而有效地提升了无线的频谱效率。全双工技术将发射和接收信号隔离开,可以同时同频传输数据。此外,两个半双工节点可以使用全双工中继交换数据。许多研究工作均证实了全双工通信在实际系统的可行性与有效性。

全双工通信的核心难点在于实现无线设备高可靠的自干扰消除。通信设备发送信号与接收信号之间存在着巨大的功率差别(通常发送信号的功率比接收信号的功率高几个数量级),这一功率差别将引起严重的自干扰,从而使得接收信号完全淹没在自干扰功率中不能解调,轻则降低全双工通信系统的信道容量,重则可能导致整个系统不稳定甚至失效[1]。学术界和工业界已经就此达成共识:有效地消除自干扰信号是实现全双工通信的关键。为此,必须保证自干扰信号在到达全双工接收机的模拟前端(即自干扰信号被接收机模数转换器(Analog to Digtial Converter,ADC)采样)之前被有效地抑制或消除。

目前,多个自干扰抑制与消除算法被相继提出[1-5],包括射频干扰消除算法、被动干扰抑制算法、模拟干扰消除以及数字干扰消除算法等。上述算法都在一定程度上降低了自干扰信号的强度。

(1)模拟消除算法能够有效地避免高功率的自干扰信号进入接收机 ADC 前端,从而减小自干扰信号对接收信号的影响。现有的典型模拟消除算法包括时域训练序列辅助消除算法以及自适应干扰消除算法等。此外,通过对全双工设备发射天线和接收天线进行有效的隔离，可以进一步降低自干扰信号的影响。

(2)鉴于模拟消除算法具有非理想特性，残存自干扰信号仍然需要被数字域消除算法进一步消除。数字消除算法首先需要对所接收到的信号进行模数转换，从而有效地提取干扰信息，然后通过相应的基带数字信号处理来实现残存自干扰抑制。现有的典型数字消除技术包括 ZigZag 协议等，借助于一种扩展的连续干扰消除(Successive Interference Cancellation)手段来实现数字域的自干扰抑制。

(3)由于任何单一技术都不能将自干扰功率抑制到可承受的范围内(例如，仅仅依靠模拟自干扰消除算法所能达到的自干扰消除能力仅为 20～45dB[2]，远远低于实际系统 60dB 以上的干扰消除能力需求)，必须设计合理的联合模拟-数字消除算法来满足实际系统的需求。

(4)考虑到未来移动通信技术的发展趋势以及 MIMO(Multiple Input Multiple Output)技术的广泛应用，必须设计适用于多天线系统的自干扰消除算法以有效地消除全双工 MIMO 设备中的自干扰信号。借助多天线系统的特性，一些典型算法如自然隔离、时域消除、空域抑制等，都能够对自干扰信号起到有效的抑制作用。同时，在理想的自干扰信道估计的前提下，很多典型的空域处理技术，包括空-时均衡、预编码-解码技术、预指零(Pre-Nulling)等，也被很好地用来进行空域自干扰抑制与消除。相关算法能够很好地应用于多天线放大转发(Amplify and Forward，AF)或解码转发(Decode and Forward，DF)中继协作通信系统中。

当前国内外许多研究机构都对全双工模式的不同性能指标进行了理论分析与系统验证，例如，在存在残存自干扰信号的情况下，全双工模式的信道容量与通信质量、全双工 MIMO 中继系统的线性传输/接收滤波性能、全双工中继系统空-时码空间分集增益、认知无线网络中的全双工协作传输速率理论上限分析等。尽管全双工模式相对于传统半双工模式具有显著的性能优势(如传输速率倍增以及中断概率降低等)，其最优性能增益的获得仍需要满足诸多限制条件。

(1)可容忍的自干扰强度：尽管全双工模式能够在理想环境下(即不存在自干扰)获得将近两倍于半双工模式的数据传输速率，但其性能增益将随着自干扰信号强度的增加而显著降低。当自干扰强度超过容忍界限时，半双工模式的性能将优于全双工模式。因此，界定可容忍的自干扰强度对于优化全双工模式性能至关重要。

(2) 最佳信噪比区间：除了自干扰的影响外，全双工模式的性能还受到接收端信噪比的严重影响。研究结果表明，全双工模式在低信噪比的环境下性能优于半双工模式，但在高信噪比的环境下后者性能将超过前者。为了充分发挥全双工模式的技术优势，必须选择合适的信噪比区间，从而优化全双工设备乃至整个通信系统的数据传输速率。

(3) 优势信道容量区域界定：全双工通信系统的性能不仅取决于信噪比等外部因素，同时还取决于全双工设备的内部参数(包括软硬件配置及其复杂度、天线个数、设备尺寸、缓存空间大小、频谱资源、发送功率等)。因此，在实际系统中，需要对上述关键的内部及外部因素进行综合考虑，从而有效地界定出全双工模式相对于半双工模式的优势区间。

(4) 混合双工模式：鉴于全双工技术并非总是优于半双工技术，我们可以通过合理设计混合全双工-半双工协议来达到充分利用两种双工模式各自优点的目的。通信设备可以根据当前的信道特性以及资源分配情况等自适应地选择最适合的双工模式，从而优化整个系统暂态以及平均频谱效率[3]。

除了上述问题，全双工通信机制必然对介质访问控制(Medium Access Control，MAC)层协议设计带来新的挑战。全双工协议必须有效地解决通信网络中普遍存在的最具挑战的问题，包括隐藏终端问题、网络拥塞导致的吞吐量降低问题以及大的端到端时延等。现有的典型全双工 MAC 协议，如 FD-MAC 能够有效地解决上述问题[4]。在设计全双工 MAC 协议的过程中，当该全双工节点接收信号时，很难同时实现高可靠的数据发送[5]。上述特点对高性能全双工 MAC 层协议设计提出了新的挑战。此外，设计合理的频谱资源接入与共享机制、建立合理的用户调度策略、满足用户之间以及不同业务种类之间的相对公平性，对于实现高性能全双工 MAC 层协议至关重要。

全双工模式性能分析阶段性成果如表 1-1 所示。

表 1-1 全双工模式性能分析阶段性成果

年份	作者	主要贡献
2005 年	Kramer 等[6]	从理论上证明了全双工模式可以借助于传输功率优化手段达到自干扰抑制目的
2008 年	Fan 等[7]	证明了全双工多天线中继能有效地提高分集增益
	Cadambe 等[8]	研究了全连接状态全双工网络的自由度

续表

年份	作者	主要贡献
2009 年	Riihonen 等[2]	研究了全双工模式对自干扰信号强度的容忍度
	Riihonen 等[9]	推导出了全双工 AF 中继系统信道容量
	Skraparlis 等[10]	推导出了全双工模式在相关对数正态信道下的中断概率
	Joung 等[11]	研究了基于最小均方误差(Minimum Mean Square Error，MMSE)的全双工 AF 中继系统误比特率(Bit Error Rate，BER)
	Kang 等[12]	研究了存在自干扰环境下全双工 AF MIMO 中继系统信道容量
2010 年	Riihonen 等[13]	证明了全双工模式在存在自干扰的环境下仍然能够获得较之半双工模式将近两倍的数据速率
	Gunduz 等[14]	分析了全双工多跳中继信道的分集-复用性能
	Kwon 等[15]	分析了全双工与半双工 DF 中继的中断概率
2011 年	Sahai 等[4]	搭建硬件系统，证明了全双工模式比半双工模式吞吐量高出 70%
	Riihonen 等[16]	提出了全双工 DF 中继系统最优功率分配策略
2012 年	Hiep 等[17]	证明了全双工多跳中继系统下行信道容量低于半双工模式，但上行全双工模式能够获得明显的性能增益
	Lee 等[18]	研究了全双工 MIMO 中继波束赋形的 BER
2013 年	Khafagy 等[19]	研究了全双工 DF 中继选择性能
	Baranwal 等[20]	推导出了全双工多跳 DF 协议中断概率

参 考 文 献

[1] Sung Y, Ahn J, van Nguyen B, et al. Loop-interference suppression strategies using antenna selection in full-duplex MIMO relays//IEEE International Symposium on Intelligent Signal Processing and Communications Systems, Chiang Mai, 2011.

[2] Riihonen T, Werner S, Wichman R, et al. On the feasibility of full-duplex relaying in the presence of loop interference//IEEE Workshop on Signal Processing Advances in Wireless Communications, Perugia, 2009.

[3] Riihonen T, Werner S, Wichman R. Hybrid full-duplex/half-duplex relaying with transmit power adaptation. IEEE Transactions on Wireless Communications, 2011, 10(9): 3074-3085.

[4] Sahai A, Patel G, Sabharwal A. Pushing the limits of full-duplex: design and real-time implementation. https://arxiv.org/abs/1107.0607, 2011.

[5] Choi J I, Jain M, Srinivasan K, et al. Achieving single channel, full duplex wireless communication//The 16th Annual International Conference on Mobile Computing and

Networking, Chicago, 2010.

[6] Kramer G, Gastpar M, Gupta P. Cooperative strategies and capacity theorems for relay networks. IEEE Transactions on Information Theory, 2005, 51(9): 3037-3063.

[7] Fan Y, Poor H V, Thompson J S. Cooperative multiplexing in full-duplex multi-antenna relay networks//IEEE Global Telecommunications Conference, New Orleans, 2008.

[8] Cadambe V R, Jafar S A. Can feedback, cooperation, relays and full duplex operation increase the degrees of freedom of wireless networks?//IEEE International Symposium on Information Theory, Toronto, 2008.

[9] Riihonen T, Werner S, Wichman R, et al. Outage probabilities in infrastructure-based single-frequency relay links//Wireless Communications and Networking Conference, Budapest, 2009.

[10] Skraparlis D, Sakarellos V, Panagopoulos A, et al. Outage performance analysis of cooperative diversity with MRC and SC in correlated lognormal channels. EURASIP Journal on Wireless Communications and Networking, 2009, (1): 1-7.

[11] Joung J, Sayed A H. Design of half-and full-duplex relay systems based on the MMSE formulation//IEEE/SP 15th Workshop on Statistical Signal Processing, Cardiff, 2009.

[12] Kang Y Y, Cho J H. Capacity of MIMO wireless channel with full-duplex amplify-and-forward relay//IEEE International Symposium on Personal, Indoor and Mobile Radio Communications, Tokyo, 2009.

[13] Riihonen T, Werner S, Wichman R. Rate-interference trade-off between duplex modes in decode-and-forward relaying//IEEE International Symposium on Personal, Indoor and Mobile Radio Communications, Istanbul, 2010.

[14] Gunduz D, Khojastepour M A, Goldsmith A, et al. Multi-hop MIMO relay networks: diversity-multiplexing trade-off analysis. IEEE Transactions on Wireless Communications, 2010, 9(5): 1738-1747.

[15] Kwon T, Lim S, Choi S, et al. Optimal duplex mode for DF relay in terms of the outage probability. IEEE Transactions on Vehicular Technology, 2010, 59(7): 3628-3634.

[16] Riihonen T, Werner S, Wichman R. Transmit power optimization for multiantenna decode-and-forward relays with loopback self-interference from full-duplex operation//IEEE Asilomar Conference on Signals, Systems and Computers, Pacific

Grove, 2011.

[17] Hiep P T, Kohno R. Capacity bound for full-duplex multiple-hop MIMO relays system in Rayleigh fading//IEEE Wireless Telecommunications Symposium, London, 2012.

[18] Lee K, Kwon H M, Jo M, et al. MMSE-based optimal design of full-duplex relay system//IEEE Vehicular Technology Conference, Quebec, 2012.

[19] Khafagy M, Ismail A, Alouini M S, et al. On the outage performance of full-duplex selective decode-and-forward relaying. IEEE Communications Letters, 2013, 17(6): 1180-1183.

[20] Baranwal T K, Michalopoulos D S, Schober R. Outage analysis of multihop full duplex relaying. IEEE Communications Letters, 2013, 17(1): 63-66.

第 2 章　全双工通信的技术特点及优势

学术界和工业界已经对全双工技术的理论基础和应用场景进行了广泛研究，对存在残存自干扰的情况下全双工模式的性能进行了分析。例如，全双工 MIMO 中继可以采用线性收发滤波器来提高有用信号的质量，最小化自干扰的影响；空时编码方案能够增加全双工中继系统的空间分集增益。此外，文献[1]和文献[2]给出了认知无线电环境下的全双工协作传输速率的理论上界，采用传统的脏纸编码(Dirty Paper Coding，DPC)理念消除认知用户对主用户产生的干扰。然而脏纸编码技术建立在发射机已经了解信道基本情况的前提下，因此大大增加了设备的复杂度。简而言之，全双工模式以增加复杂度为代价换取了吞吐量的增加或者中断概率(Outage Probability，OP)的降低。

全双工系统性能增益主要取决于自干扰消除能力，然而系统的运行环境也在一定程度上影响了全双工通信。

(1)尽管全双工模式在理论上可以实现比半双工模式高出一倍的信道容量，然而这一性能增益的获得取决于自干扰消除能力。

(2)在高信噪比环境下，半双工模式的性能往往超过全双工模式。

(3)半双工模式的硬件复杂度较低。

本章将从信道容量、中断概率、误比特率以及自由度四个方面比较全双工模式与半双工模式的系统性能。

2.1　半双工与全双工信道容量对比

尽管自干扰信号严重影响着全双工模式性能增益的获得，然而现有的全双工系统能够容忍一定程度的自干扰功率，在此范围内仍然能够获得比半双工模式更高的信道容量。

(1)AF 中继模式：现有研究结果表明，在 AF 中继转发模式下，若自干扰信号功率低于背景噪声功率，全双工模式在任何信噪比环境下的性能增益都将优于半双工模式。然而，在源节点到中继节点间的信道信噪比非常小的情况下，中继节点的信干比将主要受限于自干扰功率的大小，在此情况下，半双工模式的信道容量将高于全双工模式。

(2) DF 中继模式：在 DF 中继转发模式下，现有研究对 SISO(Single Input Single Output)与 MIMO 两种中继节点性能均进行了深入分析。在实际系统环境下，中继节点缓存容限将严重影响全双工中继系统的性能。考虑到中继节点使用有限容量的缓存，全双工 DF 中继模式在低信噪比环境下能够取得相对于半双工模式的性能优势，但在高信噪比的环境下其性能将低于半双工模式。此外，由于自干扰信号制约着全双工中继节点缓存长度以及数据包的发射速率，所以全双工节点的丢包率明显高于半双工节点。然而，最新研究结果表明，如果全双工中继节点的缓存空间设置得足够大，全双工模式始终能够获得比半双工模式更高的信道容量。

(3) 存在空间分集时带内全双工 AF 和 DF 中继：文献[3]推导出了空间分集存在的情况下带内全双工 AF 和 DF 模式的平均容量表达式，其中每条无线链路共享相同的射频频段。无论是采用 AF 还是 DF 模式，全双工中继的性能总是优于半双工中继，尤其当中继节点到目的节点的链路质量提升时这种优势更为明显。此外，全双工中继模式对演进型 Node B(eNodeB)到中继节点的链路质量十分敏感,eNodeB 到中继节点的链路信噪比较高时全双工模式的容量将低于半双工模式。

(4) 光纤辅助型分布式天线系统：与传统的中继方案不同，为了提升上/下行的传输速率，蜂窝移动系统采用分布式天线系统(Distributed Antenna System，DAS)来提供统一的无线覆盖，众多对 DAS 的研究均考虑集中控制的方式。相比之下，分布式中继辅助天线系统(Distributed Relay Aided Antenna System，DRAAS)采用光载无线通信技术(Radio over Fiber，RoF)来进行全双工信息传输。DAS 采用典型的信道估计技术评估信道增益并促进自干扰信号的消除。中央控制器(Central Control Unit，CCU)可以通过动态控制接收天线和发射天线的数量来达成源节点→中继节点和中继节点→目的节点链路信噪比的平衡，以获得优于传统半双工中继系统中的 SNR 和吞吐量等系统性能增益。与传统的半双工模式相比，基于 DRAAS 的全双工系统能有效提升吞吐量，尤其在高信噪比区域也能获得较高的吞吐量。在增加发射信噪比的条件下，全双工系统吞吐量比半双工系统提升得更为明显。另一方面，半双工系统在低信噪比区域展现出更高的最大分集阶数和吞吐量，此时增加分集阶数比增加吞吐量更有效。

2.2　半双工与全双工中断概率对比

在全双工模式下，频谱资源利用率与网络节点对自干扰信号强度的容忍度之间形成了一对矛盾。为了优化全双工系统性能，必须有效地解决上述矛盾。当前很多研究侧重于对全双工系统中断概率进行优化。

（1）AF 模式下的中断概率：在 AF 中继转发模式下，当考虑非理想的信道反馈信息时，全双工模式仍然能够获得比半双工模式更好的中断概率性能，前提条件是中继节点必须借助自干扰消除算法（如 MMSE）将自干扰信号强度控制在可容忍界限内。可以采用一种新的中继协议使得直传链路和中继链路同向来同时提高端到端信噪比以及中断概率。研究表明，即使是在采用有限数量的反馈比特数（导致反馈信道较差）时，全双工中继模式也能够比直传链路和半双工中继获得更大的性能提升。此外，可以得出以下结论。

①由于全双工中继节点对噪声的放大效应比半双工节点更为严重，所以在高信噪比环境下，半双工中继始终能够获得比全双工中继更好的中断概率性能。

②全双工目的节点借助传统的 MMSE 准则进行判决反馈量化，能够比半双工中继获得更好的中断性能。

（2）DF 中继模式下的中断概率：在 DF 中继转发模式下，当多个全双工中继节点串联起来构成一个多跳链路时，中继天线对发射和接收的隔离能力可以用一个新的参数—— 路损干扰比（Path Loss to Interference Ratio，PLIR）来表示，PLIR 为有用信号和干扰信号的发射功率相同时，接收到的有用信号功率与接收到的干扰信号功率的比值。对于一个给定的 PLIR，最优的中继节点跳数可以通过对多跳链路的中断概率性能以及适当的设计协议（如选择性解码转发（Selective Decode-and-Forward，SDF））进行优化来实现。SDF 面临的主要问题是究竟选取少量低可靠性的长跳还是大量高可靠性的短跳来优化中断概率。

就简单三节点协作通信网络的中断概率而言，全双工 DF 中继优于半双工的情况可以归纳为以下三种。

①在 Nakagami-m 信道下，全双工 DF 中继在低信噪比的环境下可以获得

相对于半双工 DF 中继更高的性能增益，并且中断概率将随着中继节点跳数的增加而降低。

②在多跳网络的中低信噪比区域，全双工 DF 中继系统随着中继数目的增加，其中断概率不断降低；而在高信噪比区域，由于减少的路径损耗不能补偿增加的中继间干扰所带来的性能损失，因此全双工中继相对于半双工中继将不再具有优势。

③在多跳 DF 中继系统中，若 PLIR 的值足够大，全双工 DF 中继将获得比半双工中继更低的中断概率。

2.3　半双工与全双工误比特率性能对比

全双工通信系统的 BER 已经得到广泛研究。例如，文献[4]对全双工 MIMO 中继系统的 BER 性能进行了研究，并采用波束赋形技术对 SNR 进行有效提升。AF 中继系统的性能主要受限于累积干扰/噪声，而采用波束赋形技术对 AF 中继系统性能的提升具有显著效果。

(1)AF 中继模式的 BER：在 AF 中继转发模式下，文献[5]对全双工与半双工模式 BER 性能进行了研究比较，并借助于 MMSE 算法对源节点-目的节点波束赋形向量进行了优化。当考虑理想信道估计的情况下，还可以采用自干扰预调零技术对全双工节点性能进行进一步优化。研究结果表明，全双工模式在低信噪比环境下能够获得比半双工模式更低的 BER，但在高信噪比环境下其性能优势将逐渐消失。

(2)DF 中继模式的 BER：在 DF 中继转发模式下，考虑 BPSK(Binary Phase Shift Keying)调制，文献[6]对全双工与半双工中继 BER 性能进行了对比。研究结果表明，与 AF 中继转发模式不同，在 DF 模式下，即便系统能够将大部分自干扰信号成功消除，全双工模式的 BER 性能仍低于半双工模式。

2.4　全双工模式的自由度

全双工协作通信系统的自由度(Degree of Freedom,DoF)是业界关注的另一个研究热点。文献[7]对多发单收场景下的 DoF 进行分析，相关研究假定所有节点的全信道信息已知并且在频率选择性衰落信道下进行通信,采用中继、信道状态信息反馈、全双工以及噪声协作等方式则不能增加系统的自由度。然而文献[8]提出，如果网络是非全关联的，网络的 DoF 则能够通过采用上述技术得到提升。

2.5　全双工模式的优点与缺点

基于以上比较，我们可以看到全双工的诸多优势，但与半双工相比仍存在许多不足，下面列出全双工的优缺点。

(1)全双工模式的优势。

①数据吞吐量增益：全双工模式下的无线链路物理层数据吞吐量有望比半双工模式提高近一倍。

②无线接入冲突避免能力：在传统的载波监听多路访问(Carrier Sense Multiple Access, CSMA)协议中，每个半双工节点在接入无线信道前必须检测该信道的质量。全双工模式只要求初始通信节点进行信道质量检测，从而有效地避免了后续全双工接入节点间发生载波监听冲突的可能性。

③有效地解决了隐藏终端问题：在全双工模式下，当某个隐藏终端向 AP(Access Point)发送数据时，AP 同时也向该隐藏节点发送数据。其他节点通过检测 AP 的传输信号来判断隐藏节点的存在，从而延迟自身数据发送以避免与隐藏终端间的冲突。

④降低拥塞：采用全双工中继可以有效地实现多对节点间的同时通信，并避免节点间的接入冲突，有效降低中继节点上的数据拥塞。

⑤降低端到端延迟：半双工模式下，接收节点必须接收到数据源发送的一个完整的数据包后才能启动数据传输；与半双工模式不同，全双工接收节点无须等待整个数据包完全接收，只需接收到一部分数据，即可启动数据传输，从而有效地降低了端到端数据传输延迟，进而使得全双工系统端到端延迟随着节点跳数的增加而呈线性增长趋势。

⑥提高认知无线电环境下的主用户检测性能：在半双工模式下，可靠的主用户检测是认知无线电技术的一个重要难题，尤其是主接收用户的检测对认知无线电系统的设计与实现提出了巨大的挑战。在全双工模式下，次级用户能够时刻检测主用户信号。由于全双工模式下的主接收用户能够实现同时数据收发，所以次级用户可以有效地检测到主接收用户的存在。

（2）全双工模式的缺点。

①自干扰的影响：全双工设备中，接收天线收到的输入信号功率通常比发射天线的输出信号低若干个数量级，因此发射天线产生的干扰会将接收天线收到的有用信号淹没，导致全双工通信性能的降低。

②高信噪比区域性能降低：全双工模式在中低信噪比区域以及中低业务负荷时性能优于半双工模式，而在高信噪比区域以及高业务负荷时半双工模式更有竞争力。

③链路可靠性下降：在任何信噪比环境下，全双工模式的链路可靠性均劣于半双工模式。相比半双工模式，全双工模式能够获得其88%的链路可靠性。然而，在不执行数字干扰消除的情况下，该可靠性降为半双工模式的67%[9]。

④丢包率高：全双工设备的CPU负载较高，全双工中继节点能够实现数据的同时同频收发，因此需要较大的缓存空间用于暂存待处理数据包，一旦缓存空间不足以应对高速率的数据收发，必然导致全双工模式下的丢包率明显增高。相比之下，传统半双工模式的丢包率则较低。

⑤更高的缓存需求：为了降低数据丢包率，全双工模式的节点必须配备一个足够大的缓存，从而使得那些原本应该丢弃的数据包（例如，由同时收发操作导致的缓存不足）得以暂时保存在队列里。由于全双工模式节点需要处理几乎两倍于半双工模式节点的数据流量，所以需要更高的缓存空间。

表 2-1 将半双工和全双工的一些基本性能进行了对比。在实际系统中究竟采用半双工模式还是全双工模式取决于很多因素，如自干扰消除能力、硬/软件复杂度、目标 SNR 范围、系统吞吐量等。相关研究所涉及的优化目标、关键技术以及不同功能模块之间的内在联系如图 2-1 所示。

表 2-1　全双工与半双工技术指标对比

技术指标	半双工	全双工
频谱效率	低	相对于半双工模式几乎倍增
接入冲突避免	需要载波监听	无须载波监听
隐藏终端问题	不能很好地解决	能够很好地解决
数据拥塞问题	严重	有效地缓解拥塞
端到端延迟	高	低
主接收节点检测	不可靠	可靠
信噪比区间	高信噪比环境	中、低信噪比环境

续表

技术指标	半双工	全双工
缓存容量需求	较低	较高
中断概率	高信噪比下较低	中、低信噪比下较低
误码率	高信噪比下较低	中、低信噪比下较低
丢包率	较低	较高
自由度	较低	较高
链路可靠性	较高	较低

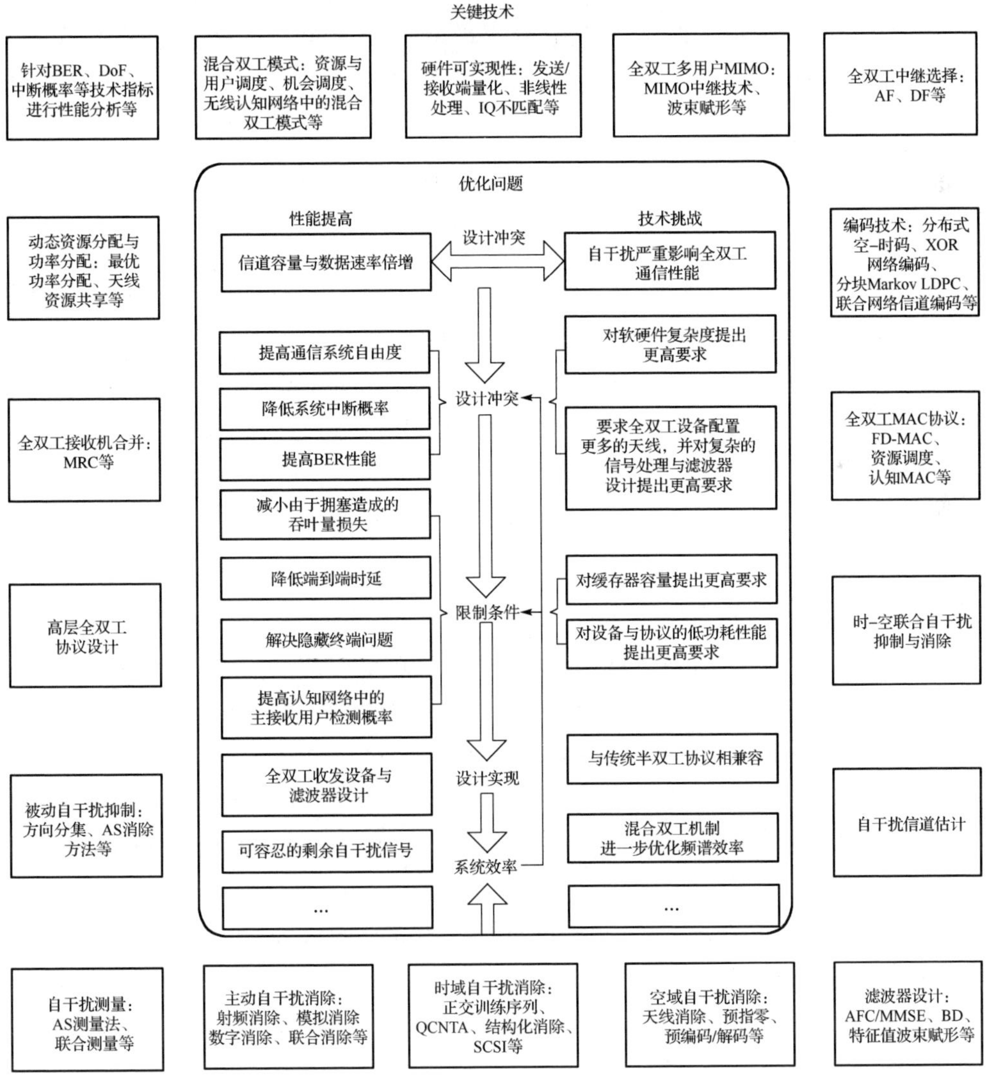

关键技术

针对BER、DoF、中断概率等技术指标进行性能分析等

混合双工模式：资源与用户调度、机会调度、无线认知网络中的混合双工模式等

硬件可实现性：发送/接收端量化、非线性处理、IQ不匹配等

全双工多用户MIMO：MIMO中继技术、波束赋形等

全双工中继选择：AF、DF等

优化问题

性能提高　　　设计冲突　　　技术挑战

信道容量与数据速率倍增　←→　自干扰严重影响全双工通信性能

动态资源分配与功率分配：最优功率分配、天线资源共享等

编码技术：分布式空-时码、XOR网络编码、分块Markov LDPC、联合网络信道编码等

提高通信系统自由度

降低系统中断概率

提高BER性能

设计冲突

对软硬件复杂度提出更高要求

要求全双工设备配置更多的天线，并对复杂的信号处理与滤波器设计提出更高要求

全双工接收机合并：MRC等

全双工MAC协议：FD-MAC、资源调度、认知MAC等

减小由于拥塞造成的吞叶量损失

降低端到端时延

解决隐藏终端问题

提高认知网络中的主接收用户检测概率

限制条件

对缓存器容量提出更高要求

对设备与协议的低功耗性能提出更高要求

高层全双工协议设计

时-空联合自干扰抑制与消除

全双工收发设备与滤波器设计

可容忍的剩余自干扰信号

设计实现

与传统半双工协议相兼容

混合双工机制进一步优化频谱效率

被动自干扰抑制：方向分集、AS消除方法等

系统效率

自干扰信道估计

…　　…

自干扰测量：AS测量法、联合测量等

主动自干扰消除：射频消除、模拟消除、数字消除、联合消除等

时域自干扰消除：正交训练序列、QCNTA、结构化消除、SCSI等

空域自干扰消除：天线消除、预before零、预编码/解码等

滤波器设计：AFC/MMSE、BD、特征值波束赋形等

图 2-1　全双工通信技术优化策略与关键技术之间的逻辑关系

其中，自干扰问题严重损害了全双工技术的优势，是影响全双工技术发展的关键因素。

2.6　小　　结

本章从信道容量、中断概率、误比特率以及自由度四个方面比较了全双工模式与半双工模式的系统性能，同时总结了全双工模式的优缺点。在实际系统中究竟采用半双工模式还是全双工模式取决于很多因素，应该综合考虑系统指标和硬件设备能力，选择合适的双工模式。

参 考 文 献

[1] Jovicic A, Viswanath P. Cognitive radio: an information-theoretic perspective. IEEE Transactions on Information Theory, 2009, 55(9): 3945-3958.

[2] Zhang Z, Long K, Wang J. Self-orgnization paradigms and optimization approaches for cognitive radio technologies: a survey. IEEE Wireless Communications, 2013, 20(2):36-42.

[3] Riihonen T, Werner S, Wichman R, et al. On the feasibility of full-duplex relaying in the presence of loop interference//IEEE Workshop on Signal Processing Advances in Wireless Communications, Perugia, 2009.

[4] Riihonen T, Werner S, Wichman R. Transmit power optimization for multiantenna decode-and-forward relays with loopback self-interference from full-duplex operation// IEEE Asilomar Conference on Signals, Systems and Computers, Pacific Grove, 2011.

[5] Day B P, Margetts A R, Bliss D W, et al. Full-duplex MIMO relaying: achievable rates under limited dynamic range. IEEE Journal on Selected Areas in Communications, 2012, 30(8): 1541-1553.

[6] Lo A, Guan P. Performance of in-band full-duplex amplify-and-forward and decode-and-forward relays with spatial diversity for next-generation wireless broadband//IEEE International Conference on Information Networking, Kuala Lumpur, 2011.

[7]　Kerpez K J. A radio access system with distributed antennas. IEEE Transactions on Vehicular Technology, 1996, 45(2): 265-275.

[8]　Kerpez K J, Ariyavisitakul S. A radio access system with distributed antennas//Global Telecommunications Conference, San Francisco, 1994.

[9]　Heath R W, Wu T, Kwon Y H, et al. Multiuser MIMO in distributed antenna systems with out-of-cell interference. IEEE Transactions on Signal Processing, 2011, 59(10): 4885-4899.

第 3 章　全双工技术中的自干扰测量

自干扰消除是全双工通信的核心问题。在全双工模式下，现有研究结果表明，如果自干扰信号的强度能够得到充分抑制，使得残存自干扰强度比背景噪声功率低 3dB 以上，则剩余自干扰信号不会对系统吞吐量造成影响[1]。因此全双工通信中对自干扰的精确测量和抑制显得极为重要。现有自干扰消除技术主要分为主动自干扰消除和被动自干扰抑制两大类。自干扰建模与消除相关研究归纳如图 3-1 所示。本章主要介绍当前学术界和工业界对自干扰信道建模与测量方面的研究进展，自干扰消除技术将在第 4 章和第 5 章进行详细介绍。

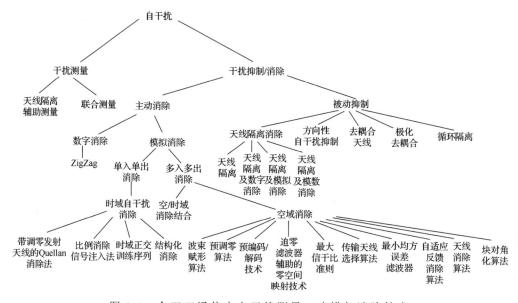

图 3-1　全双工通信中自干扰测量、建模与消除技术

3.1　天线分离测量法

在室外-室内通信场景下，多天线中继器可以用于室内外信号的转发。当

全双工中继节点的发射天线和接收天线之间的距离足够大时，中继站可以进行全双工测量与干扰消除操作。室外条件下通过采用方向性天线可以获得很大的隔离度，显著降低自干扰强度。与室外中继不同，室内中继设备尺寸受限，大型方向性天线并不适用。

文献[2]设计并组装了一种紧凑型中继天线，将中继天线作为室外基站和室内用户的信号转发器，用于自干扰信道的测量。测量标准如下：

①中继的尺寸和无线局域网的 AP 大小相近。

②该中继站工作于 2.6GHz 频段，工作带宽至少为 100MHz。

③收发天线之间的隔离度尽可能高。

④拥有多个发射天线与接收天线。

紧凑型中继天线系统的设计包含一个金属盒和桥接了馈电点的辐射阵元，金属盒相当于接地层。发射天线与接收天线阵列分别位于金属盒的两侧，为了增加隔离度，收发天线指向不同的方向。每个收发天线阵列包括两个双极化阵元，即四个馈电点。金属盒两边天线的极化方向相差 45°。为了测量方便，在实际焊接的样机原型中将金属盒的侧壁替换为四个薄塑料圆柱间隔器，实验测量发现，这一替换仅仅减少 3dB 隔离度。下面将从测量场景及设备、隔离度测试、结论三个方面进行详细介绍。

(1)测量场景及设备。

自干扰信道的测量在位于不同建筑物的两个场景中进行。实验测量场景的参数设置如表 3-1 所示，其中，工作频率为 2.5～2.7GHz。场景 1 为室内测量，场景平面图如图 3-2(a)所示。场景 2 的面积更大，包含一个房间和一个走廊，如图 3-2(b)所示。

表 3-1　场景测量参数设置

参数	场景 1	场景 2
设备	Agilent E8383A 矢量网络分析仪	RUSK 宽带频道探测仪
频率点	201	321
发射功率	5dBm	27dBm
中频带宽	20Hz	N/A
均值	1	100
电缆校准	开环、短距离、载荷标定	连续功率扫描
中继天线配置	紧凑型中继	隔离型中继

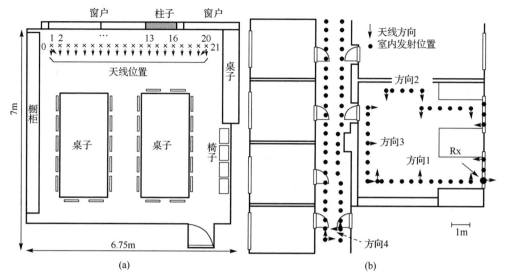

图 3-2　测量环境平面图：室内环境(场景 1)和室内-走廊环境(场景 2)

实验对中继站的如下两种配置进行了测量。

①紧凑型中继：即发射天线与接收天线阵列分别位于金属盒的两侧。

②隔离型中继：将收发天线进行分离，增大收发天线的距离。例如，接收天线在房间窗户的外表面并且主瓣方向指向窗外，而发射天线位于室内并且主瓣方向指向室内。

在图 3-2(a)的场景 1 中标记有叉号的 20 个测量点进行紧凑型中继的测试，箭头表示发射天线侧的方向，位置 0 和 21 是将位置 1 和 20 旋转 45°，天线高度为 2m。

图 3-2(b)的场景 2 采用隔离型中继，室外接收天线位于 2.2m 高的窗户外并且指向室外。室内发射天线位于房间内和走廊的不同位置，在 4 个发射方向进行隔离度的测量，收发天线的距离为 1～10m 不等。房间内发射天线的高度为 2m，走廊处发射天线的高度为 1.8m。场景 2 采用信号平均法来提高接收天线的 SNR。

(2)隔离度测试。

测量中每个室内发射天线的平均隔离度 $\overline{I_l}$ 可以表示为

$$\overline{I_l} = \frac{1}{MN}\sum_{m=1}^{M}\sum_{n=1}^{N}\frac{1}{|H_{lmn}|^2} \tag{3-1}$$

其中，m 表示馈电结合点的个数，n 表示频率域(采样频率与离散傅里叶变换长度的比值），l 表示室内发射天线的位置，H_{lmn} 表示信道传递函数，$M=16$，$N=201$。

①紧凑型中继：紧凑型中继总平均隔离度为 $\overline{I_c} = \dfrac{1}{L}\sum\limits_{l=1}^{L}\overline{I_l}$，$L=22$。收发天线的距离为 20mm，场景 1 测量所得 $\overline{I_c}$ 为 48.1dB。平均隔离度 $\overline{I_l}$ 的波动受到中继位置和天线馈电点的影响，波动程度用 $\left\{I_{lm} - \overline{I_c}\right\}_{l,m}$ 表示。图 3-3 为隔离度的测量结果，从图中可以看出紧凑型中继隔离度的累积分布函数近似服从对数正态分布。

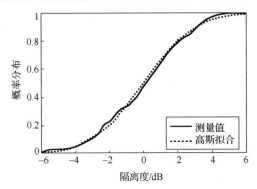

图 3-3　隔离度的测量结果服从均值为 48.1、标准差为 2.4dB 的对数正态分布

②隔离型中继：图 3-4 为场景 2 采用不同收发天线距离 d_{TR} 时的隔离度测量结果，可知垂直极化比水平极化的隔离度高。此外，在同一收发距离的前提下，室内天线放置在不同的方向也会产生 10dB 的隔离度差异。测量结果表明，将发射天线放置在房间内的隔离度为 60～80dB，将发射天线放置在走廊上的隔离度为 85dB 以上，比紧凑型中继的隔离度高 20dB 以上。图中实线与虚线为隔离度在分贝域的线性回归建模，采用线性方程 $\overline{I} = ad_{TR} + b$ 对隔离度进行简单的数学建模。

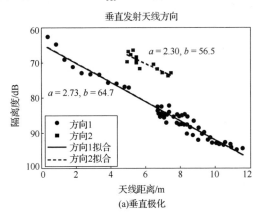

(a)垂直极化

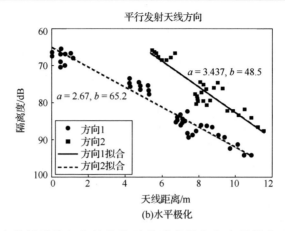

图 3-4　室内发射天线与室外接收天线垂直极化和水平极化时的隔离度

(3)结论。

在多径信道下，发射天线和接收天线间的功率差可达 48dB。该数值随着天线间距离的增加而增加，优化天线阵列的方向也可以减少干扰。此外，将紧凑型中继的平均隔离度设定为 48dB，若在射频和基带端采用干扰消除器，能够将整体隔离度提升到 98dB。如果天线的方向调整到最佳状态，同时将发射天线和接收天线间的距离增大到 5m，则收发天线间的功率差为 70dB。这一结果可以有效地应用于空间自干扰消除技术中。

3.2　联合测量法

在全双工 MIMO 设备中，自干扰测量可以通过联合测量方法将多项技术(包括天线隔离技术、模拟与数字自干扰消除等)有效地结合在一起，从而达到更好的测量效果。文献[3]使用一对工作于 2.4GHz 频段的典型 WiFi 天线进行测量，将发射功率限定在[-5dBm，15dBm]范围内，并且考虑窄带信号传输，在同一节点的收发天线之间的距离为 $d=20$cm 和 $d=40$cm，以及两个节点之间的距离 $d=6.5$m 情况下，采用三种自干扰消除机制：天线隔离和数字消除(Antenna Separation and Digital Cancellation，ASDC)、天线隔离和模拟消除(Antenna Separation and Analog Cancellation，ASAC)、天线隔离和模数消除(Antenna Separation，Analog and Digital Cancellation，ASADC)对消除后的干扰信号强度进行测量。对以上三种消除机制的详细介绍请参考 4.2 节。

　　文献[3]中的全双工系统射频部分的模型如图 3-5 所示。其中 x_1 表示节点 1 的发射信号，h_{aB} 表示天线 a 和天线 B 之间的无线信道，h_{ab} 表示天线 a 和天线 b 之间的无线信道。类似地，x_2 表示节点 2 的发射信号，h_{Ab} 表示天线 A 和天线 b 之间的无线信道，h_{AB} 表示天线 A 和天线 B 之间的无线信道。x_1 和 x_2 的信号带宽为 625kHz。c_1 和 c_2 分别表示节点 1 和节点 2 的对消信号，h_z 和 h_Z 分别表示无线电发射机对 c_1 和 c_2 的幅度和相位调节。

　　采用无线开放研究平台实验室（Wireless Open-Access Research Platform Lab，WARPLab）架构进行图 3-5 的全双工系统实验，其中射频信号的无线收发在实验室环境中进行，而数字基带信号则采用 MATLAB 程序进行处理。

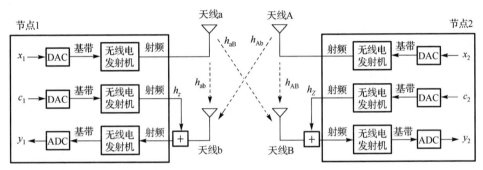

图 3-5　全双工系统的射频模型

　　图 3-6 所示为采用各种消除机制后的干扰信号功率的测量值，横坐标表示发射功率。节点 1 处有用信号的功率为 $P_{N2N1}=E[|h_{Ab}x_2|^2]$，节点 2 处有用信号的功率为 $P_{N1N2}=E[|h_{aB}x_1|^2]$。由于采用对称系统，节点 1 和节点 2 的发射功率相同，即 $P_{tx}=E[|x_1|^2]=E[|x_2|^2]$。实验将发射功率限定在[−5dBm，15dBm]范围内，图中实验结果为 9 个小时 1250 次测量的平均值。

　　由于三种自干扰消除机制均采用天线隔离（Antenna Separation，AS）作为消除机制的一部分，实验对仅采用天线隔离技术后的干扰信号强度也进行了测量。节点 1 处采用天线隔离后的自干扰信号等价于 $P_{AS}^{N1}=E[|h_{ab}x_1|^2]$，节点 2 处采用天线隔离后的自干扰信号等价于 $P_{AS}^{N2}=E[|h_{AB}x_2|^2]$。从图中可以看出，仅采用天线隔离技术不能将干扰信号降低到有用信号强度以下，必须结合模拟和数字消除技术使用。测量结果表明 ASDC 和 ASAC 消除效果相似，而 ASADC 的消除效果最好。

　　该方法可以将自干扰信号近似表示为干扰天线传输功率的线性函数，并且该近似函数能够达到 3%以下的错误概率。

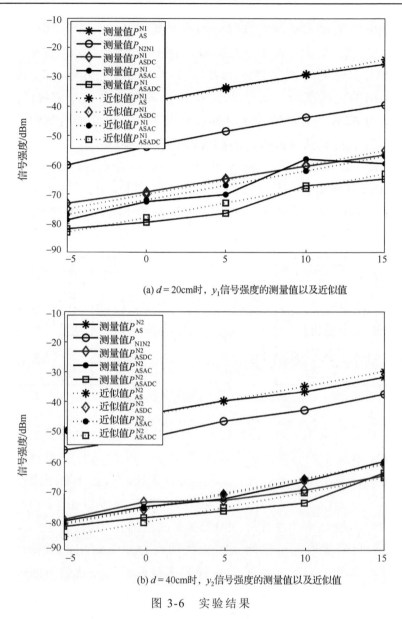

(a) $d=20\text{cm}$时，y_1信号强度的测量值以及近似值

(b) $d=40\text{cm}$时，y_2信号强度的测量值以及近似值

图 3-6　实验结果

3.3　自干扰建模与测量方面研究的不足

研究结果表明，当全双工设备中的自干扰信号强度随着传输功率的增加而呈线性增加的趋势时，自干扰信号可以得到有效消除。然而，上述线性关

系并非在所有的天线配置场景下均能成立。例如，当一个全双工设备配置多于两根天线时，两根发送天线所传输的信号在某个位置可能同相，从而造成相互叠加，导致很高的自干扰功率；而某些发送天线间的信号可能刚好反相，相互抵消，从而导致自干扰信号的有效消除。因此，在多天线系统中，自干扰信道的建模与测量仍然是一个尚未解决的难题，自干扰信号与发送功率之间是否呈线性关系，取决于多个复杂的因素，包括天线个数、天线距离、信号波长等。研究非线性模型将有助于对自干扰信道进行精确建模，然而非线性模型的复杂度将随着全双工节点天线个数的增加而快速增加。

3.4 小 结

本章主要介绍了全双工通信系统的自干扰测量技术。在天线分离测量法中，通过改变天线的极化方向、位置等，研究了室内环境下紧凑型中继和隔离型中继的自干扰信号隔离度问题。而联合测量法将天线隔离技术、模拟自干扰消除和数字自干扰消除技术结合起来，能够达到更好的消除效果。

参 考 文 献

[1] Riihonen T, Werner S, Wichman R, et al. Outage probabilities in infrastructure-based single-frequency relay links//IEEE Wireless Communications and Networking Conference, Budapest, 2009.

[2] Haneda K, Kahra E, Wyne S, et al. Measurement of loop-back interference channels for outdoor-to-indoor full-duplex radio relays//European Conference on Antennas and Propagation, Denmark, 2010.

[3] Duarte M, Sabharwal A. Full-duplex wireless communications using off-the-shelf radios: feasibility and first results//The 44th Asilomar Conference on Signals, Systems and Computers, Pacific Grove, 2010.

第 4 章　被动自干扰抑制

自干扰抑制与消除是全双工通信技术的核心，现有技术可以分为被动自干扰抑制与主动自干扰消除两大类。本章将对图 4-1 所示的被动自干扰抑制相关技术进行介绍，主动自干扰消除技术将在第 5 章阐述。

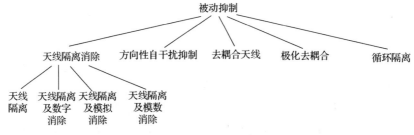

图 4-1　被动自干扰抑制技术

被动自干扰抑制技术的原理是：通过调整全双工设备发射天线与接收天线之间的距离，利用收发天线间干扰信号的路径损耗来达到自干扰抑制的目的。借助该项技术，自干扰信号能够在其到达接收天线之前被有效地衰减。同时，被动自干扰抑制技术可以借助多天线波束赋形技术将发射信号和接收信号的波束对准不同的方向，从而造成收发信号之间的物理隔离。典型的被动干扰抑制技术包括去耦合天线、极化去耦合以及循环隔离等。现有的被动自干扰抑制相关研究阶段性成果如表 4-1 所示。

表 4-1　被动自干扰抑制阶段性成果

年份	作者	主要贡献
2004 年	Anderson 等[1]	提出了天线隔离方法并应用于全双工 MIMO 中继
2007 年	Bliss 等[2]	提出了全双工 MIMO 中继天线隔离方法，允许部分天线用于数据发射，部分天线用于数据接收
2009 年	Ju 等[3]	使用同一套天线向量实现了波束隔离
2010 年	Duarte 等[4]	采用天线隔离方法来增加发射天线与接收天线之间的距离，从而提高了自干扰信号的衰减
2011 年	Everett 等[5]	提出了方向性分集技术，实现了发射波束和接收波束之间的最小化干扰

年份	作者	主要贡献
2012 年	Khandani[6]	利用去耦合天线技术来减小全双工设备中的天线互耦合
	Everett[7]	采用极化去耦合技术，实现了发射天线与接收天线之间的正交极化，从而降低二者之间的互耦合并抑制自干扰信号
	Knox[8]	采用循环隔离方法实现了单一全双工天线发射信号与接收信号间的隔离，从而实现高性能被动自干扰抑制

4.1　方向性自干扰抑制

方向性自干扰抑制的基本原理是将发射信号与接收信号的波束方向进行分离，从而在二者之间造成最小化的干扰。在蜂窝移动通信系统中，基站可以采用上述策略，首先进行收发信号物理隔离，然后采用射频自干扰消除技术对残存自干扰信号进行消除。如果剩余自干扰信号功率仍然很高，还可借助于传统的信道估计技术对自干扰信道进行有效估计，并在数字域进行进一步自干扰消除。

文献[5]在基站（Base Station，BS）采用全双工、移动台（Mobile Station，MS）采用半双工（图 4-2）的情况下，对宽带 OFDM（Orthogonal Frequency Division Multiplexing）系统自干扰抑制性能进行了实验分析。

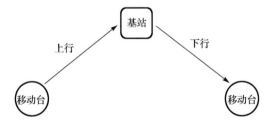

图 4-2　全双工基站在同一频率和两个半双工移动台同时通信

图 4-2 所示的拓扑结构面临两个问题：首先是基站收发天线之间同时同频通信产生自干扰；其次是上行移动台对下行移动台产生干扰。第一个问题需要考虑基站如何在自干扰已知的条件下进行通信，第二个问题需要考虑如何在存在未知干扰的条件下进行通信。以上两个问题均需要深入研究。文献[5]主要对基站的自干扰问题进行研究。

该项研究采用的实验参数如下：

①信号带宽为 20MHz，子载波数为 64。

②中心频率为 2.484GHz，发射功率为 12dBm。

③传输天线采用标准 2.4GHz 矩形贴片天线。

④传输天线具有 5dBi 的增益以及 85°的半角带宽。

为了量化全双工性能并与半双工性能进行对比，实验统计误差矢量值（Error Vector Magnitude, EVM）、测量传输中每帧平均误差矢量幅度的平方值（Average Error Vector Magnitude Squared，AEVMS），根据 $\mathrm{SNR}=\dfrac{1}{\mathrm{AEVMS}}$ 计算每帧的信噪比，进而计算出有效传输速率。为了测量半双工的信噪比，基站在接收信号的时候不发送信号。此外，为了公平地对比平均功率，采用半双工模式时发射功率为全双工的两倍，即 15dBm。

半双工的平均速率 R_{HD} 和全双工的平均速率 R_{FD} 可以通过以下公式计算：

$$R_{\mathrm{HD}}=\sum_{i=1}^{N}\frac{1}{2}\log_2[1+\mathrm{SNR}_{\mathrm{HD}}(i)] \tag{4-1}$$

$$R_{\mathrm{FD}}=\sum_{i=1}^{N}\log_2[1+\mathrm{SINR}_{\mathrm{FD}}(i)] \tag{4-2}$$

其中，i 表示传输的帧号，N 表示传输的总帧数。

实验在莱斯大学邓肯大厅的走廊进行，图 4-3 展示了实验步骤。通过改变收发天线的角度 θ 以及移动台和基站之间的距离，研究系统性能的变化。在图中每个点上，移动台向基站发送 150 个帧：第一个 50 帧采用半双工通信，即基站在接收数据时不发送数据；在第二个 50 帧内，基站在接收上行链路数

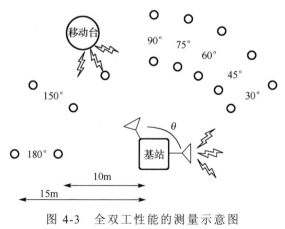

图 4-3　全双工性能的测量示意图

据的同时向零空间发送数据，基站同时采用射频消除和数字消除来抑制自干扰信号，传输速率表示为 $R_{\mathrm{FD}}^{\mathrm{RF+Dig}}$；第三个 50 帧时，基站不采用射频消除，仅仅在基带采用数字消除，传输速率表示为 $R_{\mathrm{FD}}^{\mathrm{Dig}}$。

为了显示方向性天线的优势，实验使用全向天线作为对比。将方向性天线变为全向天线将导致两个后果：发射天线直接发射信号给接收天线，因此基站的自干扰信号更强；基站从移动台接收到的信号更弱。全向天线比方向性天线的增益小，实验的目的是验证方向性天线在自干扰消除方面的优势，而非提高链路质量，因此全向天线实验中移动台到基站的距离调整为 7.0m 和 13.3m，尽量排除第二种后果带来的影响。

图 4-4 为实验测量的全双工数据速率与半双工相比提升的百分比示意图。白色点表示实际测量点，中间区域的颜色是通过插值得到的，亮绿色表示与半双工相比速率提升 100%，黑色表示与半双工速率相等，红色表示全双工速率低于半双工。

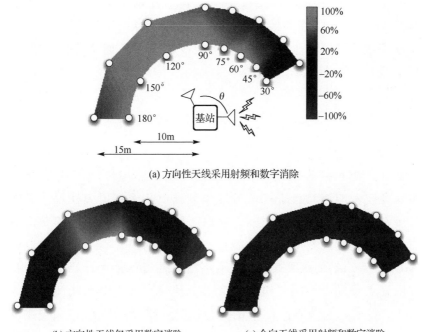

(a) 方向性天线采用射频和数字消除

(b) 方向性天线仅采用数字消除   (c) 全向天线采用射频和数字消除

图 4-4 当 θ 和距离变化时，与半双工相比全双工的速率提升百分比示意图（见彩图）

图 4-4(a) 展示了方向性天线级联射频消除和数字消除的情况，可以看到在 10m 处，θ 大于 45°时全双工的速率比半双工提升 60% 以上。而在 15m 处，θ

在 90° 和 150° 范围内时全双工速率提升 50% 以上。性能最好的点在(10m, 120°)处实现,速率提升近 95%,是接近全双工理想的速率倍增。当 θ 较小时,基站面临高功率的自干扰信号,导致接收到的信号相对强度值下降。

图 4-4(b)为方向性天线仅采用数字消除的情况,θ 为 45° 时全双工速率提升 60%,当距离为 10m、θ 在(60°,150°)范围内,以及距离为 15m、θ 在(90°,130°)范围内时全双工速率均高于半双工。然而,令人费解的是,当收发天线之间的角度增大时全双工性能反而下降。在 180° 处收发天线指向相反的方向,理论上是性能最好的时候,但是测量结果却并非如此。为了排除特定实验环境反射的影响,在不同的房间进行实验,却得到了同样的结果。一种可能的解释是当 θ 较大时,近场耦合的影响增加了自干扰信号强度。该现象还需进一步研究。

图 4-4(c)为对比实验的情况,全向天线在不同角度上没有性能波动,基站收发天线间的自干扰太强以至于很难被抑制。随着移动台和基站之间距离的增加,有用信号被衰减,需要采用被动自干扰抑制来减小自干扰信号。在(15m,90°)处对比方向性天线和全向天线性能,可以发现全双工方向性天线较半双工速率提升 75%,而全双工全向天线较半双工速率降低 75%。该测量结果凸显了采用方向性天线的重要性。

4.2　基于天线隔离的自干扰抑制

增大发射天线和接收天线之间的路径损耗是实现被动干扰抑制的有效手段。天线隔离技术能够对自干扰信号造成衰减,从而在很大程度上抑制了自干扰信号对接收前端信号质量的影响。发射天线与接收天线之间的距离越大,天线隔离的效果就越好。然而实际系统往往对设备的尺寸有严格的限制,此外全双工 MIMO 中继安装前需要知道物理隔离度以便提前采用适当的自干扰抑制技术。现有研究主要采用周围建筑物或者屏蔽板来实现发射天线和接收天线之间的物理隔离。目前,天线隔离技术主要有传统天线隔离(AS)以及与主动自干扰消除相结合的增强型天线隔离技术,后者包括天线隔离和数字消除(ASDC)、天线隔离和模拟消除(ASAC)、天线隔离和模数消除(ASADC)方法。以下将以参考文献[4]中的模型(即图 3-5)为例,对几种天线隔离技术进行介绍。

(1)AS:该方法采用增大同一节点收发天线间的距离 d 来提高自干扰抑

制效果，即增大自由空间路径损耗。自由空间损耗公式：空间损耗=$20\lg(f)+20\lg(d)+32.4$，其中，f 为频率，单位为 MHz；d 为距离，单位为 km。

（2）ASDC：若仅仅采用天线隔离的方法进行自干扰消除，则节点 1 处的自干扰信号为 $h_{ab}x_1$，节点 2 处的自干扰信号为 $h_{AB}x_2$。节点 1 和节点 2 可以对 h_{ab} 和 h_{AB} 进行估计，并且在数字域分别从节点 1 的接收信号中减去 $\hat{h}_{ab}x_1$，从节点 2 的接收信号中减去 $\hat{h}_{AB}x_2$，利用这些估计值进一步消除干扰信号。其中，采用 $\hat{h}_{ab}$ 和 $\hat{h}_{AB}$ 表示相应的噪声评估。采用 ASDC 后，节点 1 的干扰信号为 $(h_{ab}-\hat{h}_{ab})x_1$，节点 2 的干扰信号为 $(h_{AB}-\hat{h}_{AB})x_2$。由于进行信道估计时存在误差，自干扰信号不可能被完全消除掉。采用 ASDC 机制后，节点 1 和节点 2 的干扰信号的功率分别表示为 $P_{ASDC}^{N1}=E\left[\left|(h_{ab}-\hat{h}_{ab})x_1\right|^2\right]$ 和 $P_{ASDC}^{N2}=E\left[\left|(h_{AB}-\hat{h}_{AB})x_2\right|^2\right]$。

由于 ASDC 是在数字域进行自干扰消除，有两个问题需要进行说明。首先，在天线隔离度低（即 d 小）的情况下，自干扰信号的幅度太高导致接收机前端饱和。其次，即使接收机前端没有饱和，在数模转换器的输入端干扰信号的幅度远大于有用信号的幅度，这将导致很强的量化噪声，并且这种量化噪声无法在数字域消除。在模拟域采用自干扰消除可以缓解上述两个问题，因此文献同时考虑了以下两种模拟消除机制。

（3）ASAC：节点 1 的模拟自干扰消除器持续发送对消信号 c_1，通过另外一个无线电发射机将信号转化为射频信号，将输出的信号与天线 b 的接收信号相加。用 h_z 表示节点 1 发送 c_1 时的信道幅度和相位信息。显然，为了消除节点 1 的自干扰信号，对消信号应满足 $c_1=-(\hat{h}_{ab}/\hat{h}_z)x_1$。然而，由于系统中加性噪声和其他失真的存在，节点 1 不可能对 h_{ab} 和 h_z 进行理想估计。采用 ASAC 后节点 1 的干扰信号表示为 $(h_{ab}-h_z\hat{h}_{ab}/\hat{h}_z)x_1$，干扰信号功率表示为 $P_{ASAC}^{N1}=E\left[\left|(h_{ab}-h_z\hat{h}_{ab}/\hat{h}_z)x_1\right|^2\right]$。

同理，节点 2 的对消信号 $c_2=-(\hat{h}_{AB}/\hat{h}_z)x_2$，采用 ASAC 后节点 2 的干扰信号表示为 $(h_{AB}-h_z\hat{h}_{AB}/\hat{h}_z)x_2$，干扰信号功率表示为 $P_{ASAC}^{N2}=E\left[\left|(h_{AB}-h_z\hat{h}_{AB}/\hat{h}_z)x_2\right|^2\right]$。

（4）ASADC：由于噪声的存在，ASAC 机制无法完全消除自干扰信号，因此考虑结合数字消除技术来进一步提升自干扰消除能力。定义 $h_{ASAC}^{N1}=h_{ab}-h_z\hat{h}_{ab}/\hat{h}_z$ 以及 $h_{ASAC}^{N2}=h_{AB}-h_z\hat{h}_{AB}/\hat{h}_Z$，其中，$h_{ASAC}^{N1}$ 和 h_{ASAC}^{N2} 表示天线隔离以及模

拟消除自干扰信道，用 $\hat{h}_{ASAC}^{N1}$ 和 $\hat{h}_{ASAC}^{N2}$ 表示相应的噪声估计值。采用 ASADC 机制后，节点 1 的自干扰信号表示为 $(h_{ASAC}^{N1} - \hat{h}_{ASAC}^{N1})x_1$，自干扰信号功率为 $P_{ASAC}^{N1} = E\left[\left|(h_{ASAC}^{N1} - \hat{h}_{ASAC}^{N1})x_1\right|^2\right]$。节点 2 的自干扰信号表示为 $(h_{ASAC}^{N2} - \hat{h}_{ASAC}^{N2})x_2$，自干扰信号功率为 $P_{ASAC}^{N2} = E\left[\left|(h_{ASAC}^{N2} - \hat{h}_{ASAC}^{N2})x_2\right|^2\right]$。

基于文献[4]的实验结果可以得出如下结论。

①若全双工无线通信中的自干扰信号为发射功率的线性函数，则可以采用已有技术有效抑制自干扰信号。

②当天线之间的距离固定时，自干扰信号的衰减与发射功率无关，可近似为常数。

③如果自干扰信号在到达接收机前端之前进行模拟域消除，全双工系统的传输速率将高于半双工系统。

④将数字消除和天线隔离结合起来可以将自干扰信号进一步衰减 31dB，而当发射天线与接收天线间的距离达到 40cm 时，该方法可以获得 80dB 的自干扰消除能力。

4.3　被动自干扰抑制方面研究的不足

尽管被动自干扰抑制技术利用无线信号的路径损耗能够显著降低自干扰信号功率，但相关研究仍然存在许多关键技术需要突破。例如，被动自干扰抑制能力很大程度上依赖于全双工设备的天线配置，但现有的技术（包括方向性自干扰抑制以及波束赋形等）均要求全双工设备配备多个天线。因此，SISO设备缺乏有效的被动自干扰抑制能力。同时，当全双工设备尺寸受限、收发天线间的距离不足以对自干扰信号造成显著的路径损耗时，相关设备也很难提供理想的被动自干扰抑制性能。此外，增加 MIMO 设备的天线隔离未必总能够提高自干扰抑制性能，这是因为以下原因。

（1）较大的天线隔离要求设备尺寸较大，当前大多数无线设备无法满足该尺寸要求。

（2）对于一些被动自干扰抑制技术（如天线消除技术）而言，最优的天线间距离取决于信号波长，超过最优距离的天线配置反而造成更差的自干扰抑制效果。

(3)增加天线隔离会造成信道估计精度下降,从而影响自干扰信道的估计以及自干扰信号抑制性能。

因此,亟待深入研究被动自干扰抑制技术中的如下关键问题。

①全双工设备的天线配置问题:用于被动自干扰抑制的最优天线配置技术需要将发送天线和接收天线配置在无线设备的两端以增加天线间隔。同时,足够高的天线间隔将产生多个统计独立衰落信道,从而有助于提高 MIMO 系统的空间复用增益。因此,在尺寸受限的无线设备中如何优化天线配置以提高被动自干扰抑制性能,成为全双工设备研发中至关重要的问题。

②合并主动与被动自干扰消除方法:由于实际系统对自干扰消除能力要求很高(通常在 60~80dB),现有的任何一种单一技术手段都不足以满足上述需求。因此,建立高性能自干扰消除机制、采用主动与被动自干扰消除相结合的技术手段是十分必要的。

4.4　小　　结

本章论述了被动自干扰抑制技术,主要介绍了被动抑制技术实验中广泛采用的方向性自干扰抑制和基于天线隔离的自干扰抑制技术。方向性自干扰抑制的基本原理是将发射信号与接收信号的波束方向进行分离,从而在二者之间造成最小化的干扰。基于天线隔离的自干扰抑制技术则是在改变同一节点收发天线距离后,采用模拟消除技术对残存自干扰信号进行消除,随后借助传统的信道估计技术对自干扰信道进行有效估计,并在数字域进行进一步自干扰消除。

参 考 文 献

[1] Anderson C R, Krishnamoorthy S, Ranson C G, et al. Antenna isolation, wideband multipath propagation measurements and interference mitigation for on-frequency repeaters//IEEE SoutheastCon, Greensboro, 2004.

[2] Bliss D W, Parker P A, Margetts A R. Simultaneous transmission and reception for improved wireless network performance//IEEE Workshop on Statistical Signal Processing, Madison, 2007.

[3]　Ju H, Oh E, Hong D. Improving efficiency of resource usage in two-hop full duplex relay systems based on resource sharing and interference cancellation. IEEE Transactions on Wireless Communications, 2009, 8(8): 3933-3938.

[4]　Duarte M, Sabharwal A. Full-duplex wireless communications using off-the-shelf radios: feasibility and first results//The 44th Asilomar Conference on Signals, Systems and Computers, Pacific Grove, 2010.

[5]　Everett E, Duarte M, Dick C, et al. Empowering full-duplex wireless communication by exploiting directional diversity//The 45th Asilomar Conference on Signals, Systems and Computers, Pacific Grove, 2011.

[6]　Khandani A. Shaping the future of wireless: two-way connectivity. http://www.nortel-institute.uwaterloo.ca/content/Shaping Future of Wireless Two-way Connectivity_18June2012.pdf, 2012.

[7]　Everett E. Full-duplex infrastructure nodes: achieving long range with half-duplex mobiles. Houston: Rice University, 2012.

[8]　Knox M E. Single antenna full duplex communications using a common carrier//IEEE Annual Wireless and Microwave Technology Conference, Cocoa Beach, 2012.

第 5 章　主动自干扰消除

本章介绍主动消除技术相关知识，技术分类和研究热点如图 5-1 所示。

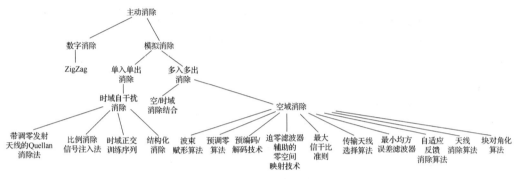

图 5-1　主动自干扰消除技术

实验表明，主动自干扰消除在 WiFi 条件下能有效提升全双工通信的性能。如果在射频端采用干扰消除器可以有效减少对已调星座点产生的干扰。由于射频域可以消除大部分的自干扰，同时基带处理可以进一步提升自干扰抑制能力，所以将两者结合起来可以有效提升自干扰消除能力。文献[1]的测试结果表明，将射频干扰消除器和基带消除器结合使用，能够在衰落信道下获得 40~50dB 的性能增益。

主动自干扰抑制技术包括模拟干扰消除与数字干扰消除两大类。模拟消除算法的目的是消除射频域的自干扰信号。数字消除算法则借助于高精度自干扰信道估计技术来实现数字域自干扰消除。如果将模拟消除与数字消除技术联合使用，则能够达到更高的自干扰消除能力。目前，学术界和工业界已就主动自干扰消除技术进行了大量的研究，相关研究成果如表 5-1 所示。

表 5-1　主动自干扰抑制阶段性成果

年份	作者	主要贡献
2005 年	Raghavan 等[2]	基于 Quellan QHx220 噪声消除器提出了模拟自干扰消除算法
2008 年	Gollakota 等[3]	提出了 ZigZag 数字自干扰消除算法

年份	作者	主要贡献
2009 年	Ju 等[4]	借助 MIMO 中继多天线选择分集实现了自干扰消除
	Radunovic 等[5]	提出了室内低功率低频段 RF 自干扰消除算法
	Sangiamwong 等[6]	提出了联合多滤波器，如迫零（Zero Forcing，ZF）、MMSE 机制对多天线多数据流自干扰进行有效抑制
	Chun 等[7]	提出了数字域消除算法，通过对自干扰信道进行估计，从而对自干扰信号进行抵消
2010 年	Duarte 等[8]	借助自干扰信号的预知信息对自干扰信号进行了数字域消除
	Radunovic 等[9]	采用传输天线抑制与模拟消除技术实现 55dB 的自干扰消除能力
	Choi 等[10]	提出了三天线（即两发一收）自干扰消除算法，使得发射天线信号在接收天线位置刚好抵消
	Lee 等[11]	提出了 ZF 波束赋形算法应用于全双工 MIMO 中继
2011 年	Everett 等[12]	使用时域正交训练序列进行时域自干扰消除
	Riihonen 等[13]	采用零空间映射与 MMSE 滤波相结合的方法进行空间自干扰抑制
	Riihonen 等[14]	提出了最优特征波束赋形算法来降低自干扰功率
2012 年	Lopez-Valcarce 等[15]	提出了主动反馈自干扰消除算法应用于单发多收全双工中继
	Kim 等[16]	设计了非对称复信号消除单天线 DF 中继自干扰
	Hua 等[17]	提出了时域传输波束赋形算法消除全双工 MIMO 射频前端自干扰信号
	Krikidis 等[18]	通过将 MIMO 信道矩阵三角化或对角化来解决全双工 MIMO 预编码问题
2013 年	Stankovic 等[19]	将全双工 MIMO 中继信道分块对角化，利用低复杂度的分块离散傅里叶变换进行自干扰消除

5.1　模拟自干扰消除

在全双工模式下，为了降低基带信号量化噪声，必须保证自干扰信号在到达接收机模数转化器之前得到充分衰减或消除。因此，模拟自干扰消除技术发挥了重要作用。按照全双工设备天线数量可以将现有的模拟自干扰消除技术分为两类，即 SISO 自干扰消除与 MIMO 自干扰消除。典型时域自干扰消除算法，如带调零发射天线的 Quellan 消除算法（Quellan Canceller with Nulling Transmit Antenna，QCNTA）、比例消除信号注入法（Scaled Cancelling Signal Injection，SCSI）等，可以有效地应用于 SISO 和 MIMO 设备中。

5.1.1　全双工 SISO 信道时域自干扰消除

全双工 SISO 信道时域自干扰消除借助经典的时域训练序列，可以有效地解决自干扰信道估计问题。该技术可以进一步分为时域正交训练和结构式自干扰消除两类。典型算法如下。

（1）基于时域训练序列的 Z 信道模型：文献[20]研究了一种带边信息的基于衬底式 Z 信道的自干扰消除模型，如图 5-2 所示。室内收发机 F 从节点 A 接收信号，同时向节点 B 发送信号。X_1 表示 A 的发送信号，X_2 表示 F 的发射信号。F 的发射模块 T 到接收模块 R 的边信息信道容量表示为 c'，R 到 T 的边信息信道容量表示为 c，z_1 和 z_2 分别表示方差为 δ_1^2 和 δ_2^2 的 AWGN 信号。δ 表示自干扰路径的信道增益。

由图 5-2 可以得到

$$Y_1 = X_1 + \delta X_2 + Z_1 \tag{5-1}$$

$$Y_2 = X_2 + Z_2 \tag{5-2}$$

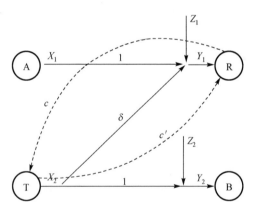

图 5-2　实际全双工通信的等价 AWGN Z 信道模型

下面考虑自干扰信道增益 δ 随机产生并且未知，以及边信息容量无限情况下（$c'=c=\infty$）的模型，此时 T 和 R 位于同一模块。由于 T 和 R 处于高速互联状态，所以假设边信息容量无限是合理的。假设发射端的平均功率限制为 $E[X_1^2] \leqslant P_1$，$E[X_2^2] \leqslant P_2$，同时定义函数 $F(x) = \dfrac{1}{2}\log_2(1+x)$。采用高斯码可达到的速率为

$$R_1 \leq \left(1 - \frac{T}{T_c}\right) E\left[F\left(\frac{P_1}{1 + \dfrac{X_2^2}{T}}\right)\right] \tag{5-3}$$

$$R_2 \leq F(P_2)$$

其中，R_1 表示 F 和 A 之间的传输速率，R_2 表示 B 和 F 之间的传输速率。T 表示训练序列的长度，T_c 表示一个较大的相干时间，经过 T_c 时间后信道需要重新进行评估。

求解 R_1 的最优 $T^*(T_c)$ 问题为非相干通信的标准问题，如图 5-3 所示。红色线表示 $P_1 = 200$ 时的最优训练时间 $T^*(T_c)$，黑色曲线表示相应的 R_1 速率。

$P_1 = 200$时，最优训练时间及对应的速率R_1

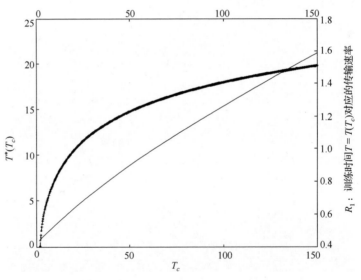

图 5-3   当 $P_1 = 200$ 时，最优训练时间以及相应的 R_1（见彩图）

(2) QCNTA：文献[5]基于 Quellan 公司的 QHx220 噪声消除器设计一种模拟干扰消除的无线样机，其中，发射天线的信号通过有线连接的方式反馈到 QHx220 噪声消除芯片进行自干扰消除。该芯片同时连接接收天线，可以将接收天线中的自干扰信号成功抵消，进而恢复出有用信号。文献[5]提出在软件无线电（Software Defined Radio，SDR）平台的输入端加入噪声消除器，通过调节参数来获得最优的消除效果。该电路可以在模拟域消除 30dB 的自干扰信号，借助于调零天线可以进一步消除 25dB 的自干扰信号。

　　为了弄清楚全双工通信究竟需要消除多少自干扰，文献[5]中考虑了一个简单的对称性通信场景，如图 5-4 所示。假设链路是对称的，发射功率为 P，白噪声功率为 N，$\text{SNR}_A = \text{SNR}_B = Pbl^{-\alpha}/N$，其中，$b$ 和 α 是公式路径损耗 $= bl^{-\alpha}$ 中的影响因子。

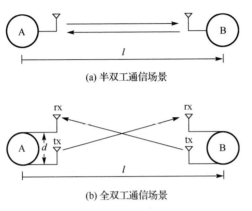

(a) 半双工通信场景

(b) 全双工通信场景

图 5-4　简单半/全双工通信场景

　　首先考虑半双工通信场景（图 5-4(a)）。由于信道具有对称性，半双工两个链路的速率相等，即 $r_{HD} = r_{AB} = r_{BA}$。根据香农公式（$\text{rate} = \frac{1}{2}\log(1+\text{SNR})$）可以得到

$$r_{HD} = \frac{1}{4}\log\left(1+\frac{Pbl^{-\alpha}}{N}\right) \approx \frac{1}{4}\log\left(\frac{Pbl^{-\alpha}}{N}\right) \tag{5-4}$$

由于一般情况下 $Pbl^{-\alpha}/N \gg 1$，可以将公式进行近似处理。额外的因子 $\frac{1}{2}$ 出现的原因是考虑到两个链路，$A \to B$ 和 $B \to A$ 不能同时进行通信。

　　在全双工通信场景下（图 5-4(b)），收发天线相距一定的距离（$d = 10\text{cm}$），自干扰为 $Pbd^{-\alpha}$。文献[5]用 γ 表示成功消除的自干扰（例如，仅采用模拟消除时，$\gamma = 30\text{ dB}$），则残存自干扰可以表示为 $Pbd^{-\alpha}/\gamma$。利用对称性可以得到

$$r_{FD} = \frac{1}{2}\log\left(1+\frac{Pbl^{-\alpha}}{Pbd^{-\alpha}/\gamma + N}\right) \approx \frac{1}{2}\log\left(\frac{l^{-\alpha}}{d^{-\alpha}}\gamma\right) \tag{5-5}$$

当 $Pbd^{-\alpha}/\gamma \geq N$ 时可以进行如上近似处理。

　　综上所述，全双工通信系统的性能与传输参数 α（也就是与频率）有关，与传输功率 P 无关。由于频率与 α 成正比，所以 r_{FD} 与频率成反比。这表明采

用全双工通信时低频信号可以获得更高的传输速率。

假设所需的 r_{FD} 至少为 r_{HD} 的 k 倍，即 $r_{FD} > kr_{HD}$，由于全双工在理想状态下的通信速率为半双工的两倍，则 $1 < k < 2$。图 5-5 为低功率低频时的参数，实验仅采用模拟消除机制消除了 30dB 的自干扰信号。对于所有接收 SNR>50dB（相应的视距链路约为 2m）的情况下，全双工性能均优于半双工性能。

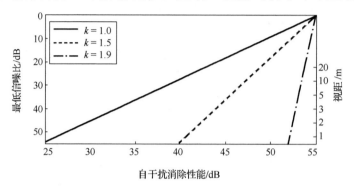

图 5-5　给定干扰消除模式的最小 SNR/最大距离情况下可达到的速率提升系数 k

（3）SCSI：文献[21]提出了一个实时全双工 OFDM 物理层设计方法，其中的子载波数为 64，带宽为 10MHz。该方法不仅能够实现同步全双工传输，而且能够实现选择性异步全双工模式。实验的主动模拟消除部分是在接收天线处注入一个合适比例的消除信号，以此来减少自干扰。结合天线隔离技术，该算法能够获得 80dB 的自干扰消除能力。

（4）结构式自干扰消除：时域正交训练序列不需要特殊的传输结构，也就是一旦自干扰信道被估计，将自干扰信号分离后残存的自干扰信号将会被当作噪声，进而采用标准随机编码模式应对残存自干扰信号。与时域正交训练技术不同，文献[12]提出的结构式自干扰消除技术在源节点闲置时观察全双工中继的发射信号，以此来评估发射天线到接收天线之间的链路。该方法奏效的前提条件是中继的解码器有自干扰序列的先验知识。

文献[12]提出两种结构消除技术：保守型结构消除（Conservative Structured Cancellation，CSC）和侵袭型结构消除（Aggressive Structured Cancellation，ASC）。其中，CSC 模式在任意强度的残存自干扰信道条件下均可达到一个固定的数据传输速率，而 ASC 模式在残存自干扰功率小于有用信号功率时可达到较高的速率。采用文献[22]中提出的 ADT（Avestimehr Diggavi Tse）确定性信道模型对两条全双工网络进行建模，全双工多跳信道

的基本单元如图 5-6 所示，图中将中继节点分成接收机和发射机两个部分。其中，$n_1 \leftrightarrow \log \mathrm{SNR_{SR}}$，$n_2 \leftrightarrow \log \mathrm{SNR_{RD}}$，$m \leftrightarrow \log \mathrm{INR_{RR}}$，$\mathrm{INR_{RR}} = \dfrac{\left|h_{\mathrm{res}}\right|^2 P_{\mathrm{R}}}{N_0}$ 表示残存自干扰和噪声比，h_{res} 表示残存自干扰信道增益。

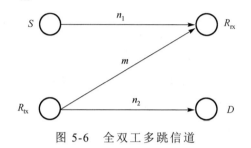

图 5-6　全双工多跳信道

通过推导 CSC 和 ASC 模式中速率和信道强度、残存自干扰相关时间的关系，得到如下两个定理。

定理 5-1　考虑图 5-6 所示的确定性全双工多跳信道，其中，$n_1, n_2 \in \mathbb{Z}_+$ 为已知，$m \in \mathbb{Z}_+$ 为未知，相关时间 $T \in \mathbb{Z}_+$。在这些条件下 CSC 模式的端到端速率可以达到

$$R_{\mathrm{FD}}^{\mathrm{CSC}} = \frac{1}{T} \log \frac{(2^T - 1)!}{(2^T - r - 1)!} \tag{5-6}$$

其中

$$r = \min\big((n_1 - 2)^+, n_2, 2^T - 1\big) \tag{5-7}$$

定理 5-2　条件与定理 5-1 相同，且 $m < n_1$（m 仍然未知），ASC 模式下的端到端速率可以表示为

$$R_{\mathrm{FD}}^{\mathrm{ASC}} = \frac{1}{T} \log \frac{(2^T - 1)!}{(2^T - r' - 1)!} \tag{5-8}$$

其中

$$r' = \min\big((n_1 - 1)^+, n_2, 2^T - 1\big) \tag{5-9}$$

研究表明，在特定场景下，结构式消除策略在评估残存自干扰信道方面不仅优于半双工，也优于时域正交训练技术。

5.1.2　全双工 MIMO 信道空域自干扰消除

全双工 MIMO 信道空域自干扰消除：随着多天线技术的广泛应用，多根

天线所提供的空间自由度也为全双工设备自干扰消除带来了便利。为此，多个空域自干扰消除技术被相继提出，如图 5-1 所示。该类技术中，多天线设备既可以进行天线分类操作(即一部分天线用于信号发射，另一部分天线用于信号接收)，也可以采用天线共享模式(即所有天线同时进行信号收发)。

空域消除一般有三种设计范式：独立设计，滤波器之间的设计相互独立；隔离设计，给出其他的部分可以推断出滤波器的设计；联合设计，将所有的滤波器作为一个整体。对预编码和解码滤波器进行联合设计，通过协作或者多信源网络编码，全双工中继能够对空域信号进行同时收发[23]。

由于空域自干扰消除技术既可以有效利用天线隔离带来的增益，又可以结合时域与空域消除的技术优势，因而能够提供更好的自干扰消除能力。现有典型空域自干扰消除算法如下。

(1)天线消除算法：文献[10]提出的原理框图如图 5-7 所示，全双工多天线设备配置三根天线，其中两根天线用于信号发射，一根天线用于信号接收。当两根发射天线到接收天线的距离差为半波长的奇数倍时，两个发射信号的相位相反，因此可以相互抵消，从而造成接收天线零干扰。这一方法操作简单，无须复杂的信号调制。实验结果表明，天线消除算法结合射频消除与数字基带消除可以实现 60dB 的自干扰消除能力。同时，与半双工模式相比，采用天线消除算法的全双工设备吞吐量可以比半双工提升 84%。

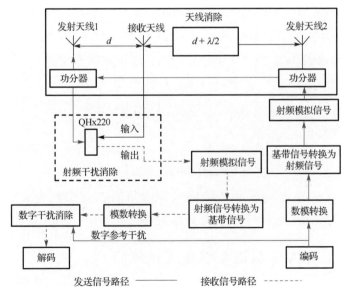

图 5-7　天线消除技术原理框图

　　(2)自适应反馈消除算法(Adaptive Feedback Cancellation，AFC)：在传统的基于反馈的自干扰消除算法中，由于有用信号与自干扰信号之间存在很强的相关性，因而限制了反馈消除技术的应用。文献[15]提出一种新的自适应反馈算法可以应用在 AF 全双工中继中，根据预先设定的频谱限制能够有效地输出功率谱密度成形，通过存储有用信号的谱形，能够在中继端不引入额外延时的条件下降低复杂度。

　　典型的非再生全双工中继如图 5-8 所示，主要包括模拟接收前端、数字阶段和发射模拟前端三部分。其中模拟接收前端包括接收天线、下变频阶段(包括预选择滤波器、低噪声放大器和混频)和中频带通滤波器(通常是一个声表面波滤波器)。数字阶段包括中频信号的模数转换器(采样率为 f_s)、数字信号处理或者现存可编程门阵列(Field Programmable Gate Array，FPGA)以及数模转换器，这一阶段可以灵活采用自适应反馈消除算法、链路质量监测和数字纠正等功能。发射模拟前端包括上变频、高功率放大器、信道滤波器和发射天线。其中上下变频阶段均采用本振来减少重传信号中的相位噪声。

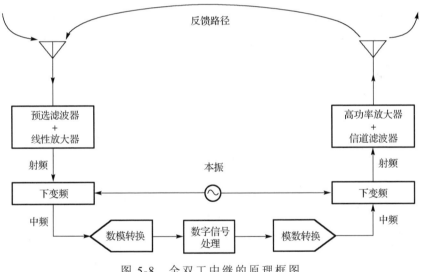

图 5-8　全双工中继的原理框图

　　AFC 算法采用全极点滤波器，为了实现自干扰消除，其传递函数的阶数至少应与等效反馈路径的阶数相等。当输出为白过程时功率谱密度为常数，传递函数的输出方差最小。然而，由于自适应算法在处理带通 IF 信号时尝试将误差方差最小化，AFC 输出的功率谱密度平坦化将会导致带外噪声的提升。除了需要解决误差问题外，一般的 AFC 算法还需要额外的滤波器来产生斜率信号，或者是通过伪线性回归（Pseudo Linear Regression，PLR）来进行近似。

为了在不增加整体时延的情况下避免偏差问题，滤波器的输出（功率谱密度为 $S_y(\mathrm{e}^{\mathrm{j}\omega})$）应该是进行比例调整和时延后的中频采样信号（即 $s(n)$，功率谱密度为 $S_s(\mathrm{e}^{\mathrm{j}\omega})$），其中 $S_y = \beta^2 S_s$。文献[15]提出的谱成形算法没有采用通常的随机梯度下降算法，而是通过将校正项的期望值调整为零，使得误差最小。

为了评估所提出的算法在噪声环境中的性能，文献[15]采用 MMSE 算法，得到从加性噪声到 AFC 输出端的环回传递函数 $T_{\eta y}$ 和有用信号到 AFC 输出端的环回传递函数 T_{sy} 分别为

$$\begin{cases} |T_{\eta y}|^2 = \dfrac{\beta^2 |C|^2 \varGamma^2}{(1+|C|^2 \varGamma^2)^2} \\ |T_{sy}|^2 = \beta^2 \left(\dfrac{|C|^2 \varGamma}{1+|C|^2 \varGamma} \right)^2 \end{cases} \tag{5-10}$$

其中，$T_{sy}(z) = C(z)T_{\eta y}(z)$，$S_s(\mathrm{e}^{\mathrm{j}\omega}) = \varGamma(\mathrm{e}^{\mathrm{j}\omega})S_\eta(\mathrm{e}^{\mathrm{j}\omega})$。

由于 MMSE 的 AFC 算法需要知道有用信号，当 S_η 为常数（即为白噪声）且 $|C|^2$ 为常数时，相应的一阶自回归（Auto Regressive，AR）过程在极点 ρ 的功率谱密度为

$$S_s(\mathrm{e}^{\mathrm{j}\omega}) = \frac{1}{1+\rho^2 - 2\rho\cos\omega} \tag{5-11}$$

输入 SNR 为

$$\mathrm{SNR}_{\mathrm{in}} = \frac{\dfrac{1}{2\pi} \displaystyle\int_{-\pi}^{\pi} |C(\mathrm{e}^{\mathrm{j}\omega})|^2 S_s(\mathrm{e}^{\mathrm{j}\omega})\mathrm{d}\omega}{\dfrac{1}{2\pi} \displaystyle\int_{-\pi}^{\pi} S_\eta(\mathrm{e}^{\mathrm{j}\omega})\mathrm{d}\omega} \tag{5-12}$$

不同极点半径条件下 MMSE、PLR 与所提出算法的 $\mathrm{SNR}_{\mathrm{out}}$ 对比如图 5-9 所示。当 $\rho = 0$ 时，有用信号 $s(n)$ 为白过程。随着 $|\rho|$ 的增加，$s(n)$ 逐渐变为有色信号。从图中可以看出，随着噪声的提升，PLR 算法面临着严峻的 SNR 损失问题。相比之下所提出的算法性能仅次于非盲 MMSE 算法，仍然可以有效提升输出 SNR。

(3) 预调零算法：文献[7]将预调零算法应用在全双工 AF 中继系统中，首先进行全双工中继自干扰信道估计，在此基础上借助多天线设备的信号预处理能力进行自干扰信号预消除。

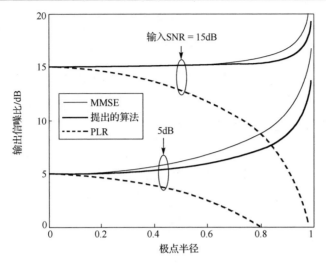

图 5-9 白噪声和一阶 AR 过程情况下的输出信噪比

在图 5-10 所示的系统中,中继采用一个接收天线和 N 个发射天线,灰色部分为预调零信号处理部分。当源端的发射信号为 $x_S(k)$,发射功率为 P_S,则中继端的接收信号可以表示为

$$y_R(k) = \alpha_S h_S(k) \otimes x_S(k) + \alpha_R \sum_{n=0}^{N-1} h_{R,n}(k) \otimes x_{R,n}(k) + \eta_R(k) \tag{5-13}$$

其中, $\alpha_S h_S(k)$ 表示源端到中继的信道脉冲响应, α_S 是相应的路径损耗, $\{h_S(k)\}_{k=0}^{L_S-1}$ 表示标准化信道响应, $h_S(k) \sim \mathcal{CN}(0, \sigma_S^2(k))$, $\sum_{k=0}^{L_S-1} \sigma_S^2(k) = 1$。类似地, $\alpha_R h_{R,n}(k)$ 表示第 n 个发送节点的干扰信道冲击响应, α_R 表示路损和隔离导致的衰减, $\{h_{R,n}(k)\}_{k=0}^{L_R-1}$ 表示标准化信道响应, $h_{R,n}(k) \sim \mathcal{CN}(0, \sigma_{R,n}^2(k))$, $\sum_{k=0}^{L_R-1} \sigma_{R,n}^2(k) = 1$。此外, $\{x_{R,n}(k)\}_{n=0}^{N-1}$ 表示中继的第 n 个天线的发射信号, $\eta_R(k)$ 表示中继节点处服从 $\mathcal{CN}(0, \sigma_{\eta R}^2)$ 的 AWGN 序列。

中继节点将接收信号 $y_R(k)$ 以增益 g_R 进行放大,然后通过 N 个并行长度为 M 的预调零滤波器 $\{w_n(k)\}_{n=0}^{N-1}$。预调零后第 n 个天线发射的重传信号表示为

$$x_{R,n}(k) = g_R \cdot w_n(k) \otimes y_R(k) \tag{5-14}$$

定义 $\gamma \equiv \alpha_R \cdot g_R$ 为未经过预调零滤波器的有效干扰功率(即反馈系统的环回增益)的平方根。目的节点的接收信号为

$$y_D(k) = \alpha_D \sum_{n=0}^{N-1} h_{D,n}(k) \otimes x_{R,n}(k) + \eta_D(k) \tag{5-15}$$

其中，$\alpha_{D}h_{D,n}(k)$ 表示中继节点的第 n 个发射天线到目的节点的信道冲击响应，α_{D} 是相应的路损，$\{h_{D,n}(k)\}_{k=0}^{L_{D}-1}$ 表示标准化信道响应，$h_{D,n}(k)\sim \mathcal{CN}(0,\sigma_{D,n}^{2}(k))$，$\sum_{k=0}^{L_{D}-1}\sigma_{D,n}^{2}(k)=1$，$\eta_{D}(k)$ 表示目的节点处服从 $\mathcal{CN}(0,\sigma_{\eta R}^{2})$ 的 AWGN 序列。

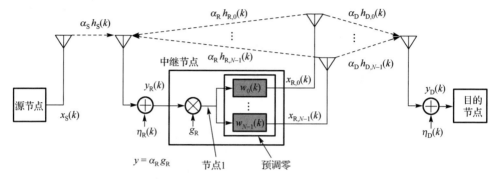

图 5-10　在中继处采用预调零滤波器的全双工 AF 中继系统

假设 $h_{R,n}(k)$ 的信道估计误差为独立同分布 $\mathcal{CN}(0,\sigma_{e}^{2}(k))$，为了使反馈系统稳定，须满足

$$P^{\text{stability}}(\gamma)=1-\exp\left(-\frac{1}{\sigma_{e}^{2}\gamma^{2}}\right) \tag{5-16}$$

图 5-11 所示为平坦干扰信道，信道估计误差方差为 $\sigma_{e}^{2}=10^{-3}$、10^{-4}、10^{-5}、

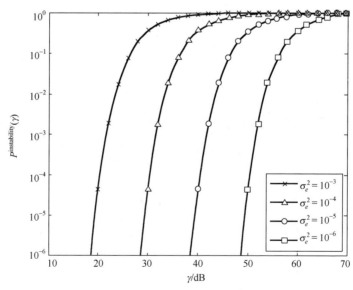

图 5-11　平坦干扰信道时系统不稳定的概率理论值

10^{-6} 条件下系统不稳定的概率，其中 $P^{\text{instability}}(\gamma)=1-P^{\text{stability}}(\gamma)$。可以看到当系统不稳定的概率设定为 10^{-6} 时，不同 σ_e^2 值对应 $\gamma=18$、28、38、48dB，这意味着系统在这些值以后开始不稳定。

传统的 SISO 干扰消除基于自适应干扰消除算法，然而太强的干扰信号可能导致干扰消除器超出负载能力，因此不能完全抑制自干扰信号。为了进一步提高系统性能，文献[7]提出一种预调零算法和传统 SISO 算法相结合的混合算法，即在滤波器前加入预处理，如图 5-12 所示。其中，节点 1 处的信号用 $p(k)$ 表示，滤波器抽头系数矢量 $v(k)$ 采用如下的最小均方算法进行更新：

$$\begin{cases} p(k) \equiv \left[p(k), p(k-1), \cdots, p(k-V+1) \right] \in \mathcal{C}^{V \times 1} \\ v(k) \equiv [v_0(k), v_1(k), \cdots v_{V-1}(k)] \in \mathcal{C}^{V \times 1} \\ q(k) = y_R(k) - v^H(k) \cdot p(k-D) \\ p(k) = y_R \cdot q(k) \\ v(k+1) = v(k) + \mu \cdot q^*(k) \cdot p(k-D) \end{cases} \tag{5-17}$$

其中，$(\cdot)^*$ 表示共轭，μ 表示最小均方算法的步长，V 表示滤波器的抽头长度，D 表示从节点 1 到 $y_R(k)$ 的系统时延。

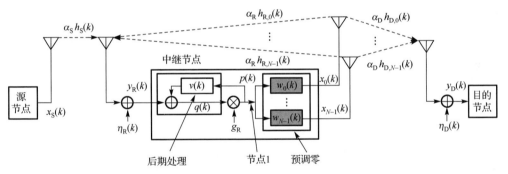

图 5-12　在中继处采用混合算法的全双工 AF 中继系统

此外，文献[7]还推导出采用 BPSK 调制的情况下目的端 BER：

$$\text{BER}(\beta) = Q\sqrt{2\text{SNR}_D(\beta)} \tag{5-18}$$

其中，$\beta = h_D^H h_D$，$\text{SNR}_D(\beta) = \dfrac{\alpha_D^2 P_R \beta}{\sigma_{\eta D}^2}$，$Q(x) = \displaystyle\int_{t=x}^{\infty} \frac{1}{\sqrt{2\pi}} e^{\frac{t^2}{2}} dt$。

同时，文献研究了采用预调零算法和混合算法情况下目的端 BER 性能，如图 5-13 所示。图中假设 $\sigma_e^2 = 10^{-5}$，采用理想预调零算法时 $\sigma_e^2 = 0$。可以看出混合算法比预调零算法的中继增益临界值高出大约 20dB。

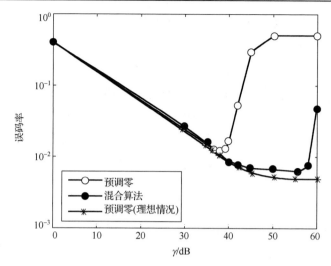

图 5-13　γ 不同时，预调零算法和混合算法的目的端 BER 性能

　　通常情况下，预调零算法可以有效地应用于单接收天线多个发射天线，即 MISO（Multiple Input Single Output）信道。该算法复杂度较低，在平坦衰落条件下不会降低接收机的误比特率，此外，该算法对天线隔离度的要求不高，因此可以简化接收机前端和基带信号处理。

　　（4）预编码与解码技术：在全双工 MIMO 设备中，当自干扰信道能够被精确估计时，可以采用预编码与解码技术进一步提高自干扰信号的消除效果。文献[18]提出一种新的预编码全双工技术，能够在块瑞利衰落信道的传统单天线中继网络中获得更高的分集增益。与传统的逐符号传输不同，文献[18]介绍了一种基于分块的全双工传输技术，并且设计了合适的预编码技术，能够在自干扰消除（Loop Interference Cancellation，LIC）不存在或者 LIC 不理想时提供有效的分集增益。

　　图 5-14 为文献[18]提出的帧结构，不同颜色表示不同的超级块，假设处理时延 τ=1 符号周期。编码是基于超级块结构，如第 k 个信息表示的码字映射为第 k 个超级块。AF 模式比 DF 模式的解码时延更小：对于 AF 中继，第 k 个信息在第 k 个超级块被解码；对于 DF 中继，第 k 个信息在第 k+1 个超级块被解码。在每个超级块的最后留一个空块是为了避免超级块之间的干扰。

　　不采用预编码技术，就不能充分利用信道固有的分集增益。在不采用残存自干扰消除技术或者残存自干扰很强的情况下，传统方法的分集阶数为 0，在残存自干扰很弱的情况下其分集阶数为 1。文献[18]采用的预编码技术能够

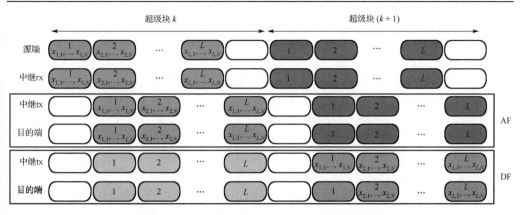

图 5-14　基于块传输的 AF/DF 中继的帧结构

对 AF 模式的下三角信道矩阵和 DF 模式的对角矩阵进行处理。采用线性预编码，可以将每个符号线性转换成码字，即

$$\text{vec}(X) = M_1 s \tag{5-19}$$

其中，$s \in \mathbb{C}^{mN \times 1}$ 表示每个符号矢量，$m \leq L$ 表示码速，$M_1 \in \mathbb{C}^{LN \times mN}$，$\text{vec}(X)$ 表示码字矩阵 X 的矢量。

如果信道有很高的分集（如独立同分布信道系数），那么只有当码字矩阵满足行列式准则时收发分集才能够达到全分集。然而为了满足准则，预编码矩阵将变得十分烦琐，这使得解码的复杂度大大提高。

此外，文献[24]提出，当满足 $D_R^H H_R P_R = 0$ 时，采用预编码与解码技术比采用预调零技术的自干扰消除性能更好。其中，P_R 和 D_R 分别表示预编码和解码矩阵。该算法需要对预编码与解码矩阵进行计算，通常采用特征值分解（如矩阵奇异值分解）等技术手段对编码信道的特征值与特征向量进行解析。当 $H_R = U_R \Sigma_R V_R^H$，$P_R = \alpha[v_{R,j \neq k}, \cdots, v_{R,j \neq k}]$，$D_R = [u_{R,k}, \cdots, u_{R,k}]$ 时，该技术能够有效地消除自干扰信号，其中，$u_{R,k}$ 和 $v_{R,k}$ 分别表示矩阵 U_R 和矩阵 V_R 的第 k 列的列向量，α 表示功率归一化因子。当 D_R 和 P_R 分别达到 S→R 和 R→D 链路吞吐量最大化时，正交预编码与解码技术可以显著提高全双工 MIMO 信道容量。

除了 SVD 方法外，文献[24]还提出凸组合方法计算中继端的最优接收器 D_R 和发射滤波器 P_R。由于最优 D_R 需要满足两个条件：最大化 S→R 吞吐量和与 $H_R P_R$ 正交（P_R 使得 R→D 吞吐量最大），所以引入 α 来平衡这两个条件，实验结果表明，在多天线条件下使得速率最大化的最优 α 取值为 0 或 1。

假设系统模型为单信道两跳瑞利衰落信道，且源节点、目的节点和中继节点的平均接收 SNR 相同。考虑不存在自干扰时的全双工中继系统能够达到算法的性能上界，即半双工中继系统速率的两倍。图 5-15 展示了全双工中继系统可实现的速率，其中，中继节点装备三天线。由分析结果可知，凸组合方案优于其他方案，其数值非常接近理论上界。

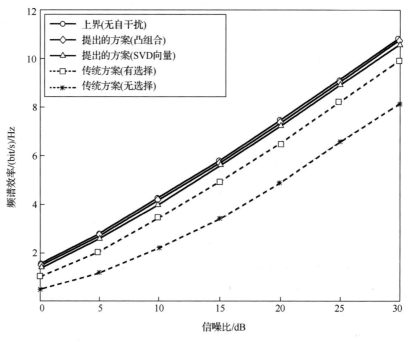

图 5-15　可实现速率对比图

（5）迫零滤波器辅助的零空间映射技术：采用 SVD 技术，自干扰信道矩阵可以被分解为预编码矩阵与解码矩阵。采用零空间（Null Spacing）映射技术，发射信号向量可以被映射到接收信号向量的零空间。文献[25]将以上两种技术结合起来，提出 ZF 空域自干扰抑制技术，该技术可以充分利用空域自由度。

图 5-16 中的中继采用 $N_{\text{R,tx}} \times \hat{N}_{\text{R,tx}}$ 的发射权重矩阵 G_{tx} 以及 $\hat{N}_{\text{R,rx}} \times N_{\text{R,rx}}$ 的接收权重矩阵 G_{rx}。由于增加维数并不能提升端到端传输性能，所以通常假设 $\hat{N}_{\text{R,tx}} \leqslant N_{\text{R,tx}}$，$\hat{N}_{\text{R,rx}} \leqslant N_{\text{R,rx}}$。中继的收发信号可以表示为

$$\begin{cases} t[i] = G_{\text{tx}}\hat{t}[i] \\ \hat{r}[i] = G_{\text{rx}}r[i] = G_{\text{rx}}H_{\text{SR}}x[i] + \hat{H}_{\text{LI}}\hat{t}[i] + G_{\text{rx}}n_{\text{R}}[i] \end{cases} \tag{5-20}$$

其中，H_{SR} 表示源端到中继的信道矩阵。由于自干扰信道估计存在一定的误

差，假设自干扰信道为 $H_{\mathrm{LI}} = \tilde{H}_{\mathrm{LI}} + \Delta\tilde{H}_{\mathrm{LI}}$，$\tilde{H}_{\mathrm{LI}}$ 表示自干扰信道估计，$\Delta\tilde{H}_{\mathrm{LI}}$ 表示自干扰信道估计误差，则残存自干扰信道为

$$\hat{H}_{\mathrm{LI}} = G_{\mathrm{rx}} H_{\mathrm{LI}} G_{\mathrm{tx}} = G_{\mathrm{rx}} \tilde{H}_{\mathrm{LI}} G_{\mathrm{tx}} + G_{\mathrm{rx}} \Delta\tilde{H}_{\mathrm{LI}} G_{\mathrm{tx}} \tag{5-21}$$

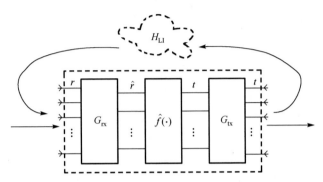

图 5-16　全双工 MIMO 中继采用接收和发送滤波器的空域自干扰抑制

若系统中的自干扰占主导地位，采用迫零方法（如零空间映射）仅需要 H_{LI} 的信道状态信息即可进行空域消除。当满足如下条件时，$\hat{r}[i]$ 完全决定 $\hat{t}[i]$：

$$G_{\mathrm{rx}} \tilde{H}_{\mathrm{LI}} G_{\mathrm{tx}} = 0 \tag{5-22}$$

如果不存在信道估计误差，即自干扰可以被完全消除，上述条件可以将 $N_{\mathrm{R,tx}} \times N_{\mathrm{R,rx}}$ 矩阵转化为 $\hat{N}_{\mathrm{R,tx}} \times \hat{N}_{\mathrm{R,rx}}$ 矩阵。

通过奇异值分解，$\tilde{H}_{\mathrm{LI}}$ 可以表示为

$$\tilde{H}_{\mathrm{LI}} = \tilde{U} \tilde{\Sigma} \tilde{V}^{\mathrm{H}} = \left[\tilde{U}_{(1)} \middle| \tilde{U}_{(0)}\right] \tilde{\Sigma} \left[\tilde{V}_{(1)} \middle| \tilde{V}_{(0)}\right]^{\mathrm{H}} \tag{5-23}$$

其中，$\tilde{U}_{(0)}$ 和 $\tilde{V}_{(0)}$ 表示与零奇异值相关的基向量。

ZF 算法矩阵的权重选择非常灵活，主要取决于 G_{rx} 和 G_{tx} 是否联合设计。若滤波器分开设计，则 G_{rx} 的行空间应该是 $\tilde{H}_{\mathrm{LI}}$ 的左零空间（即 $G_{\mathrm{rx}} = \tilde{U}_{(0)}$）或者 G_{tx} 的列空间为 $\tilde{H}_{\mathrm{LI}}$ 的零空间（即 $G_{\mathrm{tx}} = \tilde{V}_{(0)}$）。用 X^{+} 表示 X 的 Moore-Penrose 广义逆矩阵，则 $XX^{+}X = X$。对于 ZF 而言，一旦确定了一个滤波器，另一个滤波器可以通过如下投影矩阵得到：

$$\begin{cases} G_{\mathrm{rx}} = I - \tilde{H}_{\mathrm{LI}} G_{\mathrm{tx}} (\tilde{H}_{\mathrm{LI}} G_{\mathrm{tx}})^{+} & (5\text{-}24) \\ G_{\mathrm{tx}} = I - (G_{\mathrm{rx}} \tilde{H}_{\mathrm{LI}})^{+} G_{\mathrm{rx}} \tilde{H}_{\mathrm{LI}} & (5\text{-}25) \end{cases}$$

这些投影矩阵产生同样的映射，即 $\hat{N}_{\mathrm{R,tx}} = N_{\mathrm{R,tx}}$ 或者 $\hat{N}_{\mathrm{R,rx}} = N_{\mathrm{R,rx}}$。

（6）MMSE 滤波器：简单地说，空域自干扰消除算法是以损害一部分有用信号为代价来换取自干扰影响的最小化。然而多天线设备所提供的高自由度增益可以被有效利用并提高有用信号功率。采用 MMSE 准则可以降低对有用信号的影响。基于 MMSE 准则，全双工设备不仅可以抑制自干扰信号，还可以减小背景噪声的影响，从而得到比迫零算法更好的 BER 性能。文献[25]同时研究了空域自干扰消除算法中的 MMSE 算法，并与 ZF 算法进行对比。

中继端接收到的有用信号可以表示为 $H_{SR}x$，$\hat{r}$ 包含残存自干扰和噪声，$\varepsilon\{\cdot\}$ 表示信号和噪声分布的期望。若已经选择好中继发射滤波器 G_{tx}，且中继已知 H_{SR}，则 MMSE 中继接收矩阵可以表示为

$$G_{rx} = H_{SR}R_xH_{SR}^{H}(H_{SR}R_xH_{SR}^{H} + \tilde{H}_{LI}R_t\tilde{H}_{LI}^{H} + R_{n_R})^{-1} \tag{5-26}$$

其中，信号和噪声方差矩阵为 $R_x = \varepsilon\{xx^{H}\}$，$R_t = \varepsilon\{tt^{H}\} = G_{tx}R_tG_{tx}^{H}$，$R_{n_R} = \varepsilon\{n_Rn_R^{H}\}$。

对 DF 中继下的消除技术进行仿真，图 5-17 所示为相对信道估计误差（即均方估计误差与平均信道增益的比值）对 BER 性能的影响。所有对比模式的发射功率都归一化为相同值，第一跳的 SNR 为 20dB，中继端接收的 SIR 为 10dB。从图中可以看出非理想信道估计是自干扰消除的主要瓶颈。

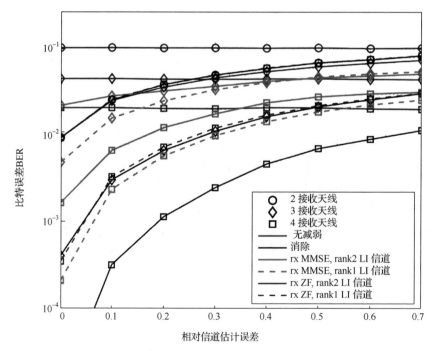

图 5-17　自干扰消除时信道估计误差的影响

　　此外，采用多重滤波的方式不仅可以抑制天线间/多流干扰，也可以实现自干扰消除。进行联合滤波器设计时，首先根据式(5-25)计算出发射滤波器参数，或者采用任何一种算法使得发射端的干扰最小化，之后设计接收滤波器。这种滤波器可以使得移动台接收到信号的总均方误差最小。与传统模式中将天线间/多流干扰抑制和自干扰消除模块分开设计的思路不同，联合多重滤波器可以获得更优的平均 BER 性能。

　　(7)块对角化算法：在全双工 MIMO 下行中继系统中，中继信道矩阵可以采用离散傅里叶变换技术分解为多个对角分块矩阵。当自干扰信道矩阵维度较高时，块对角化算法将发挥明显优势，可以将高复杂度的矩阵运算分解为多个低复杂度的运算，同时获得很大的分集增益。

　　文献[19]考虑包含一个基站(BS，天线数为 M_B)、一个终端(UT，天线数为 M_U)和一个全双工中继(RN，总天线数为 M_R，接收天线数为 $\frac{M_R}{3}$，发射天线数为 $\frac{2M_R}{3}$)的系统模型，采用块对角 ZF 算法来抑制自干扰信号。假设自干扰信道矩阵为 $H_F \in \mathbb{C}^{M_R/3 \times 2M_R/3}$，其奇异值分解定义为 $H_F = U_F \Sigma_F [V_F^{(1)} \ V_F^{(0)}]$，$V_F^{(1)}$ 为生成矩阵 H_F 的行空间的右奇异矢量，$V_F^{(0)}$ 为生成矩阵 H_F 的零空间右奇异矢量。通过在 H_F 零空间传输自干扰信号，可以有效抑制自干扰信号。因此，系统可以表示为

$$y_i = G_i[HF x_i + H_{R,b} V_F^{(0)} F_{R,u} D_{R,b} (H_{R,b} F_{i-1} x_{i-1} + n_{R,i-1}) + n_i] \qquad (5-27)$$

其中，$y_i \in \mathbb{C}^{r \times 1}$ 表示 UT 端的接收矢量，$x_i \in \mathbb{C}^{r \times 1}$ 表示 BS 端第 i 个时隙的发送矢量，$i = 1, \cdots, L$。空间多路复用数据流的数量表示为 r。矩阵 $H \in \mathbb{C}^{M_U \times M_B}$、$H_{R,b} \in \mathbb{C}^{M_R/3 \times M_B}$、$H_{R,u} \in \mathbb{C}^{M_U \times 2M_R/3}$ 分别表示 BS→UT、BS→RN、RN→UT 的信道传递矩阵。矩阵 $G_i \in \mathbb{C}^{r \times M_U}$、$F_i \in \mathbb{C}^{M_B \times r}$、$D_{R,b} \in \mathbb{C}^{r \times M_R/3}$ 和 $F_{R,u} \in \mathbb{C}^{M_R/3 \times r}$ 分别表示 UT 端的接收处理矩阵、BS 端预编码矩阵以及 RN 端的空间收发处理矩阵。RN 输入端的零均值加性白高斯噪声矢量 $n_R \in \mathbb{C}^{M_R/3 \times 1}$，UT 输入端噪声为 $n \in \mathbb{C}^{M_U \times 1}$。

　　BS 和 UT 通信采用 TDD 模式，在传输上下行帧之前，BS 和 UT 向 RN 传输调度信息，接着 BS 下行传输 L 个连续的时隙，随后 UT 上行传输 L 个连续的时隙。因此，式(5-27)可以改写为

$$y = G W_{LM_U} [H_{eff} W_{LM_B} F x + (I_L \otimes H_{RY}) n_R + n] \qquad (5-28)$$

其中，矩阵 $H_{eff} \in \mathbb{C}^{LM_U \times LM_B}$ 定义为

$$H_{\text{eff}} = \begin{bmatrix} H & 0 & \cdots & 0 & H_{\text{RX}} \\ H_{\text{RX}} & H & \cdots & 0 & 0 \\ \vdots & \vdots & & \vdots & \vdots \\ 0 & 0 & \cdots & H_{\text{RX}} & H \end{bmatrix} \tag{5-29}$$

可以看出，有效块信道传递矩阵具有块循环矩阵的形式。其中，矩阵 $H_{\text{RY}} = H_{\text{R,u}} V_F^{(0)} F_{\text{R,u}} D_{\text{R,b}}$，$\otimes$ 表示 Kronecker 积，I_L 表示 $L \times L$ 单位矩阵，$y = \text{vec}(y_1, \cdots, y_L)$，$x = \text{vec}(x_1, \cdots, x_L)$，$n_R = \text{vec}(n_{\text{R},1}, \cdots, n_{\text{R},L})$，$n = \text{vec}(n_1, \cdots, n_L)$。通过将矩阵 H_{eff} 块离散傅里叶变换（Discrete Fourier Transform，DFT）后转换为 W_L，相应元素为 $w_{i,j} = \exp(-j 2\pi (i-1)(j-1)/L)/\sqrt{L}$，$i = 1, \cdots, L$，$j = 1, \cdots, L$。当 H_{eff} 的行数和列数不相等时，需要引入左 DFT 矩阵和右 DFT 矩阵，即 $W_{LM_{\text{U}}} = W_L \otimes I_{M_{\text{U}}}$，$W_{LM_{\text{B}}} = W_L \otimes I_{M_{\text{B}}}$。其中，矩阵 G、F 和 $W_{LM_{\text{U}}} H_{\text{eff}} W_{LM_{\text{B}}}^{\text{H}}$ 均为块对角矩阵。

文献[19]提出的算法确保每帧前需要的协作信息最少，并且目的端可以通过块 DFT 运算，在计算负载增加很少的情况下，将块循环矩阵形式的 MIMO 信道传递矩阵转化为块对角矩阵。即便传输时隙增加，其前端导频也增加得很少。

文献[22]基于 KKT（Karush-Kuhn-Tucker）条件提出一种功率分配模式，在给定基站和中继的发射功率时，可以实现总速率最大化。由于进行自干扰消除时，块对角化算法的预编码器比迫零算法需要更低的发射功率，所以基站和中继都可以分配更多的功率来发射数据流。同时，与迫零算法相比，块对角化预编码技术需要较低的传输功率，并能获得 12%~26%的信道容量增益。

(8)最优特征波束赋形算法：在 MIMO 中继系统中，采用特征波束赋形算法可以实现高性能空域自干扰消除。文献[14]提出一种最优特征波束赋形算法，当发射信号的向量空间对准自干扰向量空间的最小特征向量时，该算法可以最大化地消除自干扰信号。

信道测量数据在两种配置中获得：紧凑阵列配置和隔离阵列配置，实验条件和天线配置如 3.1 节所述。实验中，隔离阵列配置中继的发射天线阵列（R_{tx}）有四种方向，接收天线阵列（R_{rx}）有一种方向，每个天线阵列有两个双极化环形贴片天线，如图 5-18 所示，d_{RR} 表示中继收发天线之间的距离，其中紧凑型中继满足 $d_{\text{RR}} = 2\text{cm}$。

通过标准 SVD 将自干扰信道矩阵（H_{RR}）分解为

$$H_{\text{RR}} = U_{\text{RR}} \Sigma_{\text{RR}} V_{\text{RR}}^{\text{H}} \tag{5-30}$$

其中，$U_{\text{RR}} \in \mathbb{C}^{N_{\text{rx}} \times N_{\text{rx}}}$ 和 $V_{\text{RR}} \in \mathbb{C}^{N_{\text{tx}} \times N_{\text{tx}}}$ 表示单位矩阵，$\Sigma_{\text{RR}} \in \mathbb{C}^{N_{\text{rx}} \times N_{\text{tx}}}$ 表示包含有奇异

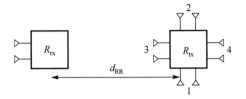

图 5-18　隔离阵列配置中收发天线阵列的方向

值 $\sigma_{RR}[n]$ 的对角矩阵，$\sigma_{RR}[n] \geq 0, n=1,\cdots,\min\{N_{rx},N_{tx}\}$，$H_{RR}$ 是降序排列。在理想情况下，通过中继端的接收滤波器 G_{rx} 和发射滤波器 G_{tx}，可以将 $N_{rx} \times N_{tx}$ 的中继变换为无干扰的 $\hat{N}_{rx} \times \hat{N}_{tx}$ 中继。在 SVD 中，U_{RR}^H 的行和 V_{RR} 的列分别表示表中正交接收和发送波束赋形矢量。因此，本征波束赋形（本征波选择）可以表示为

$$G_{rx} = S_{rx}^T U_{RR}^H, \quad G_{tx} = V_{RR} S_{tx} \tag{5-31}$$

其中，$S_{rx}^T \in \{0,1\}^{\hat{N}_{rx} \times N_{rx}}$ 及 $S_{rx} \in \{0,1\}^{N_{tx} \times \hat{N}_{tx}}$ 分别为泛型行/列子集选择矩阵。推导出 S_{rx}^T 和 S_{rx} 满足如下条件时残存自干扰功率最小：

$$S_{rx}^T = \begin{bmatrix} I_{N_{tx}-\hat{N}_{tx}} & 0 & 0 \\ 0 & 0 & I_{\hat{N}_{tx}+\hat{N}_{tx}-N_{tx}} \end{bmatrix}, \quad S_{tx} = \begin{bmatrix} 0 \\ I_{\hat{N}_{tx}} \end{bmatrix} \tag{5-32}$$

其中，I_N 表示 N 维单位矩阵，0 表示零矩阵。值得注意的是，最优本征波束赋形在特殊条件下（$\hat{N}_{rx}+\hat{N}_{tx} \leq \max\{N_{rx},N_{tx}\} \leq N_{rx}+N_{tx}-rk\{H_{RR}\}$）会退化为零空间映射模式，其中，$rk\{H_{RR}\}$ 是矩阵 H_{RR} 的秩。图 5-19 所示为条件数（就谱范数而言）的累积分布函数，其中的条件数为测量的数据：

$$\kappa\{H_{RR}\} = \|H_{RR}\|_2 \cdot \|H_{RR}^{-1}\|_2 = \frac{\sigma_{RR}[1]}{\sigma_{RR}[\min\{N_{rx},N_{tx}\}]} \tag{5-33}$$

实验中 $rk\{H_{RR}\} = \min\{N_{rx},N_{tx}\}$ 为满秩，且紧凑型阵列、隔离阵列以及仿真瑞利信道的条件数平均值 $\varepsilon\{\kappa\{H_{RR}\}\}$ 分别为 9.2、11.9 以及 10.9。

最优特征波束赋形算法可以提高传输速率，增大覆盖区域。除了频域波束赋形技术外，时域波束赋形方法也可以有效地应用于宽带接收机的射频前端，并可在 30MHz 带宽环境下实现 50dB 的自干扰消除能力。除此之外，在多用户 MIMO 中继系统中采用分布式波束赋形技术结合迫零算法或者基站的功率分配注水算法，可以有效抑制中继端的自干扰并降低移动站间的多用户干扰。

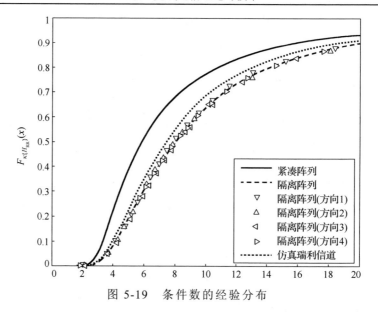

图 5-19   条件数的经验分布

（9）基于最大信干比准则的自干扰消除：该算法中，全双工中继节点采用发射和接收滤波器消除自干扰信号，使有用信号与干扰信号功率的比值——信干比（Signal to Interference Ration, SIR）最大化[26]。在中继的接收端和发射端都能实现信干比的最大化。将接收和发射消除矩阵定义为 G_{rx} 和 G_{tx}，可以通过以下两步实现信干比的最大化。

首先，忽略发射消除矩阵 G_{tx} 来设计接收消除矩阵 G_{rx}，当 G_{rx} 满足等式

$$G_{rx,opt} = \arg\max_{G_{rx}} \frac{\|G_{rx}H_1\|_F^2}{\|G_{rx}H_0\|_F^2}$$

时中继接收端的信干比最大。其中，$\|A\|_F^2$ 表示矩阵 A 的弗罗贝尼乌斯范数（Frobenius Norm），H_0 和 H_1 分别表示自干扰信道矩阵和有用的 S→R 信道矩阵。

接着，给定接收消除矩阵 G_{rx} 后，当 G_{tx} 矩阵满足等式 $G_{tx,opt} = \arg\max_{G_{tx}} \dfrac{\|H_2 G_{tx}\|_F^2}{\|G_{rx,opt}H_0 G_{tx}\|_F^2}$ 时中继发射端信干比最大，其中，矩阵 H_2 表示 R→D 信道矩阵。

图 5-20 和图 5-21 将理论最优值、ZF 算法、文献[26]提出的基于最大信干比准则的自干扰消除算法和不采用自干扰消除（No SIC）四种情况进行对比。图中的横坐标为相对输入功率（Relative Input Power），可通过 $\dfrac{P_0}{2N_0}$ 计算得到，P_0 表示源端最大发射功率，$N_0 = \sigma^2$ 表示噪声功率。当自干扰信道为视

距信道时，可得到图 5-20，显然，通过自干扰抑制可以有效提升系统性能。在高 SNR 区域，文献[26]提出的算法性能优于 ZF 算法，然而与理论最优值相比仍有一定的 SNR 损失。图 5-21 为自干扰信道满秩时的最大数据速率，此时 ZF 算法选择抵消掉超出 H_0 最大奇异值 10%的奇异值。可以看出即使当 H_0 满秩时，文献[26]提出的算法也能显著提升系统性能，而 ZF 算法在高 SNR 区域其性能甚至不如 No SIC。ZF 算法性能恶化的原因是由于其在高 SNR 区域减少了自由度的数目，仅仅增加了在高 SNR 区域没有作用的放大增益。通过研究图 5-20 和图 5-21 的容量曲线斜率，可以看到文献[26]提出的算法与理

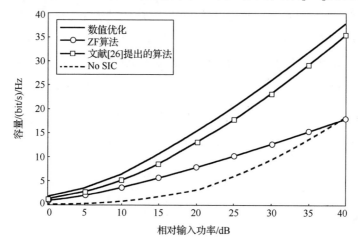

图 5-20　自干扰信道低秩时的最大数据速率

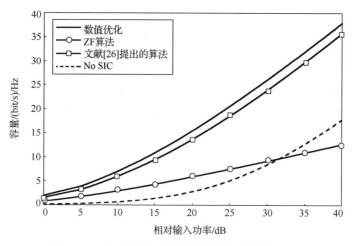

图 5-21　自干扰信道满秩时的最大数据速率

论最优值的斜率（即自由度）相同，二者之间仅有很小的 SNR 损失。从另一方面讲，ZF 算法曲线的斜率较小，意味着空间自由度损失较大。

（10）传输天线选择算法：文献[27]提出的传输天线选择算法可以有效地降低算法复杂度，并获得较高的空间分集增益。该算法选择最优或次优的天线子集合（选择天线的数量取决于复杂度与干扰消除能力之间的折中）进行数据传输，同时实现自干扰信道 SNR 的最小化。

该算法的系统模型如图 5-22 所示。其中，M_s、N_r、N_k、N_t 和 M_d 分别表示源端（S）发射天线数、中继（R）接收端天线数、中继选择（B）发射天线数、中继发射天线数和目的端（D）接收天线数。H_{SR}、H_P 和 H_{RD} 分别表示 S→R 信道、自干扰信道和 R→D 信道的矩阵。$x[i]$、$r[i]$、$n[i]$、$t[i]$ 和 $\hat{x}[i]$ 分别表示 S 的发射信号、R 的接收信号、AWGN 信号、$r[i]$ 经过任意中继协议（DF 或者 AF）函数 $R(\cdot)$ 后的信号和 R 的发射信号。$r[i]$ 可以表示为

$$r[i] = H_{SR}x[i] + H_P t[i] + n[i] \tag{5-34}$$

可以将每个采用 ZF 检测的数据流 $k = 1,2,\cdots,N_t$ 的有效 SNR_k 表示为

$$SNR_k^{ZF} = \frac{E_s}{N_k N_0 \left[H_P^H H_P \right]_{kk}^{-1}} \tag{5-35}$$

其中，E_s 表示中继发射信号的总能量，N_0 表示复高斯噪声的方差。所提出算法的目标是通过选择发射天线子集，使得自干扰信道的有效 SNR_k 最小化。

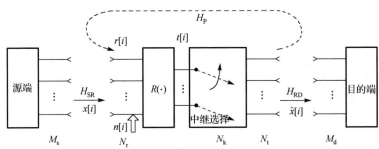

图 5-22 天线选择算法的系统模型

自干扰信道矩阵的维度降低至 $N_r \times N_k$ 后，可以基于以下四个准则进行传输天线的选择。

最小弗罗贝尼乌斯范数 SNR：在所有的候选传输天线中选择具有最小弗罗贝尼乌斯范数的传输天线子集。

最小后处理 SNR：为了优化 BER 性能，在所有的候选传输天线中选择具有最小后处理 SNR 的传输天线子集。

最小奇异值：在所有的候选传输天线中选择具有最小奇异值的传输天线子集。

最小容量：选取自干扰信道中具有最小容量的传输天线子集。

上述准则中，弗罗贝尼乌斯范数选取准则的计算复杂度最小。同时，对提出算法的 BER 性能进行分析，并且与 MMSE 算法进行对比。仿真实验中采用 DF 中继方式，参数设置为：$M_s = 2$，$N_r = 3$，$M_d = 2$。

仿真结果表明，当 SNR 取值分别为 12dB、15dB 和 18dB，$N_k = 2$，$N_t = 3$ 时，所提出算法与 MMSE 算法的 BER 性能对比如图 5-23 所示。随着 SIR 的增加，所提出算法的性能进一步提升，而进行自干扰消除的 MMSE 算法性能并未发生变化。由于所提出算法在低 SNR 和高 SIR 区域 BER 性能均优于 MMSE 算法，所以在实际系统中仅采用 MMSE 算法是不够的。

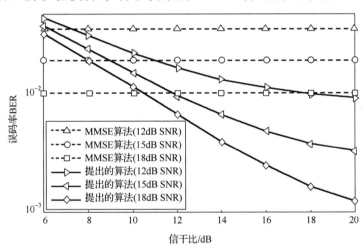

图 5-23　提出算法与 MMSE 算法的 BER 性能对比

图 5-24 所示为选择天线数固定时中继发射天线数对系统性能的影响。仿真实验中，SNR 取 20dB。当 BER 为 10^{-3} 时，与 $N_t = 3$ 曲线相比，$N_t = 4$ 和 $N_t = 5$ 曲线的 SIR 增益分别增加了约 1.5dB 和 2.5dB。可以得出结论，随着中继发射天线数的增加，系统的 BER 性能不断提升。

对不同的空域自干扰消除算法的性能进行对比，如表 5-2 所示，对比结果表明，空域抑制算法的复数矩阵增加了计算复杂度，在一定程度上降低了全双工技术的优势。

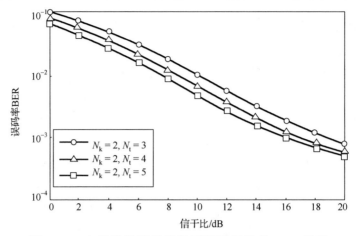

图 5-24　中继发射天线数目不同时系统的 BER 性能

表 5-2　空域自干扰消除算法性能比较

算法	优势	劣势
天线消除算法	算法设计简单，自干扰消除能力强，窄带环境下算法稳定性高	宽带信道下可能带来性能下降，同时传输功率受限，并且要求固定的天线间隔
预调零算法	算法设计简单，对接收端 BER 无影响，同时对天线隔离距离无要求	需要进行自干扰信道估计，适用于平坦衰落信道
自适应反馈消除算法	复杂度低，无须训练序列开销，适用于多径信道	该滤波器的设计需要计算源信号的二阶统计信息
预编码/解码	性能优于预调零算法，能够优化系统容量	要求进行自干扰信道估计，需要对自干扰信道矩阵进行 SVD 分解
块对角化算法	性能优于 ZF 波束赋形算法，采用自适应功率分配技术可以优化数据速率	基站需要获取信道状态信息，同时矩阵运算需要进行 SVD 操作
ZF 滤波器	高信噪比环境下具有较强的自干扰消除能力	低信噪比环境下性能下降，需要进行 SVD 运算
最优特征波束赋形算法	能够将剩余自干扰信号功率最小化	需要计算波束选择矩阵，需要进行 SVD 运算
基于最大信干比准则	提高有用信号功率，抑制自干扰信号，信道容量优于 ZF 算法	最优矩阵计算需要较高复杂度，并且性能受信道衰落的影响较大
MMSE	提高有用信号功率，抑制自干扰信号	复杂度高
传输天线选择算法	低复杂度，避免低信噪比环境下的性能损失，对时变 SIR 具有较强的适应性	当 MIMO 信道矩阵维度较高时，最优天线选择复杂度随之增大，同时最优天线集合的选择难以实现

5.1.3　全双工 MIMO 信道时域和空域自干扰消除

时域消除面临噪声引发残存自干扰问题，而空域消除需要一定数量的天线，导致计算复杂度高。将时域消除和空域消除结合起来，可以获得更好的隔离效果，即使在链路质量较差时，采用适量的天线也可以获得较高的隔离度[13]。

文献[25]提出将传统的自干扰消除和空域抑制结合起来的四种不同方式，如图 5-25 所示。由于时域和空域消除相结合产生的残存自干扰信道不同，每种方式的性能各不相同，即

$$\hat{H}_{\mathrm{LI}}=\begin{cases} G_{\mathrm{rx}}H_{\mathrm{LI}}G_{\mathrm{tx}}+C, & \text{图5-25(a)} \\ (G_{\mathrm{rx}}H_{\mathrm{LI}}+C)G_{\mathrm{tx}}, & \text{图5-25(b)} \\ G_{\mathrm{rx}}(H_{\mathrm{LI}}G_{\mathrm{tx}}+C), & \text{图5-25(c)} \\ G_{\mathrm{rx}}(H_{\mathrm{LI}}+C)G_{\mathrm{tx}}, & \text{图5-25(d)} \end{cases} \qquad (5\text{-}36)$$

其中，G_{rx}、H_{LI} 和 G_{tx} 分别表示中继接收矩阵、自干扰信道和中继发射矩阵，$G_{\mathrm{rx}}H_{\mathrm{LI}}G_{\mathrm{tx}}$ 表示空域消除，C 表示时域消除。相应的滤波器设计也可以将两部分串联起来使用。

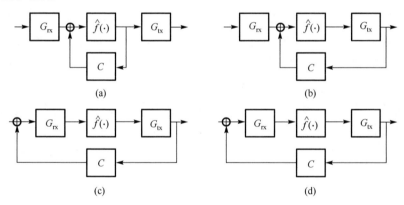

图 5-25　传统自干扰消除和空域自干扰消除相结合的四种方式

5.2　数字自干扰消除

在全双工系统中，仅仅依靠模拟消除所获得的自干扰消除能力有限，因此，残存自干扰信号需要进一步在数字域进行消除。当然，仅依靠数字消除（不使用模拟消除）同样很难获得较高的自干扰消除效果，必须将二者结合起来。现有研究结果表明，模拟和数字自干扰消除算法之间存在"跷跷板效应"，即当模拟消除和数字消除模块二者级联使用时，当其中一个模块自干扰消除能力提高时，另一个模块的消除能力随之降低，反之亦然。因此，当模拟干扰消除算法能够获得足够高的自干扰消除性能时，数字消除算法将有明显的性能回落。

此外,两者的消除总能力还受限于本地振荡器产生的相位噪声。如果模拟消除器有很好的自干扰抑制效果,则残存自干扰将主要受相位噪声的影响。另一方面,若残存自干扰与原始自干扰信号的相关性增强,则数字消除器可以更有效地降低自干扰信号。

目前,数字自干扰消除技术有待进一步研究。当前比较典型的数字自干扰消除方案是 ZigZag,它在提升全双工增益方面有着显著的优势。特别地,当无线网络进行数据收发时由统计复用产生的数据包冲突将导致 10%的数据包丢失。当存在隐藏终端时,现有的解决方案无法有效地解决丢包问题[28],ZigZag 协议利用连续碰撞的异步性则能够有效地解决高丢包率问题。

5.2.1　ZigZag 协议的设计原理

当网络中不存在接入冲突时,ZigZag 不对现有 IEEE 802.11 的 MAC 层协议做任何改动。在网络中存在接入冲突的情况下会保持系统吞吐量不变,就像碰撞的数据包在单独的时隙提前发送一样[28]。基于 IEEE 802.11 标准的如下两个特点,ZigZag 可以有效地解决碰撞问题。

(1)源节点会一直发送一个数据包,直到数据包成功发送或者超时,发生碰撞的节点在数据包重发送过程中仍然可能发生碰撞。

(2)发生碰撞后,源节点等待一段短的随机时间间隔再次发送数据包以避免连续碰撞。

考虑不能互相感知的两个节点,如果两个节点同时向 AP 发送数据,就会发生碰撞。当节点 1 的数据包与节点 2 的数据包发生碰撞时,两个节点采取随机退避策略进行重传,AP 则计算相应的退避时间,从而避免后续数据包的碰撞。ZigZag 能够对无碰撞数据包部分进行解码,然后利用这些解码信息对碰撞污染部分数据进行恢复。它不仅能够有效地解决隐藏终端问题,而且可以显著降低网络中的数据丢包率。

5.2.2　ZigZag 协议性能

ZigZag 与已有自干扰消除技术的不同之处在于,它可以在不采用任何复杂的调度、功率控制、同步算法和编码的条件下解决 IEEE 802.11 中的碰撞问题[3]。与传统的连续自干扰消除算法不同,ZigZag 不需要对用户功率进行排序。即便在碰撞源信噪比相似、碰撞源之间无法相互协调或者采用不同的信道编码方式的情况下，ZigZag 也能够在高碰撞干扰环境下进行有效的干扰消除。

此外，ZigZag 还有如下性能优势。

(1)调制独立性：ZigZag 的性能独立于调制方式，并且与现有的 MAC 层协议相兼容。由于 ZigZag 中接收到的数据包块的解码是在干扰消除后进行，发生碰撞时可以采用标准 IEEE 802.11 的解码器进行解码。

(2)后向兼容性：ZigZag 接收机可以在不改变标准协议的情况下检测到发射信号。

(3)一般性：即使在节点发送数据过程中发生碰撞，ZigZag 的性能也能近似于单个碰撞源在独立时隙发送数据包时的性能。

实验结果表明，当存在隐藏终端的情况下，ZigZag 能够将传统算法的丢包率从 72.6%降低至 0.7%，此外，ZigZag 的 BER 更低，与理想无碰撞接收机的 BER 相近。同时，与传统的 IEEE 802.11 协议相比，ZigZag 能够提高 25.2%的数据吞吐量。

5.3 主动自干扰消除方面研究的不足

基于上述讨论，主动消除的优点如下。

(1)在进入接收机射频前端之前对自干扰信号进行消除。

(2)通过采用模拟消除技术，自干扰消除可以应用在宽带无线信道中。

(3)在全双工 MIMO 系统中进行空域自干扰消除时，采用额外的天线可以比 SISO 系统获得更高的空间分集增益。

(4)在模拟消除后进行数字消除可以进一步消除残存自干扰。

此外，由碰撞和隐藏终端现象导致的丢包率等问题也可以在数字域得到有效解决。

然而，已有的主动自干扰消除技术仍然无法完全应对未来移动数据业务发展带来的巨大挑战。如果在射频阶段进行模拟消除，由于消除器需要额外的硬件资源，这将会造成资源的浪费。如果仅采用模拟消除或者数字消除，自干扰消除的性能则严重受限。此外，将两者级联使用后的系统性能仍然受到相位噪声和信道估计误差的影响。因此，必须在整个自干扰消除过程中平衡模拟域与数字域之间的性能以达到整体性能最优。

下面对上述问题可能采取的解决方案以及主动自干扰消除的未来研究方

向进行介绍。

(1)高信噪比与高业务负荷环境下的全双工技术：相关研究表明，全双工模式在中、低信噪比环境下以及中、低业务负荷区间能够获得高于半双工模式的性能增益，但在高信噪比环境下以及高业务负荷区间将遭受性能下降。如何有效地将全双工模式的性能增益有效地拓展到高信噪比以及高业务负荷环境，将是全双工通信研究领域的一个重要难题。

(2)低维度自干扰信道环境下的空间自干扰抑制技术：相关研究表明，空间自干扰抑制算法的性能很大程度上受限于自干扰矩阵的秩。未来的相关研究中，必须对不满秩自干扰信道矩阵给予充分关注。

(3)低复杂度空间自干扰抑制技术：现有的大多数空间自干扰抑制技术都依赖复杂的矩阵运算，相关算法的运算复杂度会严重影响自干扰抑制性能。因此，在全双工模式下，尤其当全双工设备天线数量较大时，必须显著降低相关算法的复杂度以提高其实际可用性。

(4)基于 MMSE 滤波器的时域-空域合并消除算法：在多天线系统中，空间自干扰抑制性能往往优于时域算法性能。将二者结合起来，利用 MMSE 滤波器进行残存自干扰信号滤波，将有利于实现更高性能的自干扰抑制与消除。

(5)稳定可靠的全双工 AF 中继技术：由于全双工 AF 模式下的发送信号与接收信号间存在严重的相关性，这将导致振荡器不稳定，所以该模式更易受到自干扰信号的影响。如何建立稳定可靠的全双工 AF 中继将对全双工协作通信系统的性能优化产生至关重要的影响。

(6)传输功率控制技术：在全双工通信系统中，增大传输功率可以有效地降低自干扰信道估计误差。然而，残存自干扰功率的绝对值仍然非常大，而且可能随着传输功率的增加而增加。因此，如何优化传输功率以降低残存自干扰功率将是全双工通信研究中一个亟待解决的问题。

5.4　自干扰消除技术对比

目前业界针对全双工无线通信中的自干扰消除问题已经提出了很多先进技术，这些技术各有千秋。例如，主动自干扰消除技术中的空域天线消除技术，结合射频消除和数字消除后可以得到 60dB 以上的消除能力。然而，现有的技术仍然存在局限性。

（1）全双工设备发射功率受到限制，一般低于 20dBm。

（2）现有的设备（如 IEEE 802.15.4 设备）尺寸较小，难以提供足够大的天线隔离度。

（3）随着信道带宽的增加（如超过 100MHz 的带宽），自干扰消除能力的下降非常显著。

（4）接收端对不同发射信号的微小幅度差非常敏感。

此外，大部分空域抑制技术需要对复数矩阵进行计算，其计算复杂度较高。另一方面，尽管被动消除技术可以通过路径损耗降低自干扰，然而受限于设备的尺寸，自干扰信号衰落有限。

表 5-3 简要列出了各种自干扰消除技术的优缺点。此外，不同自干扰消除技术的性能指标如表 5-4 所示。

表 5-3 各种自干扰消除技术的优缺点

类别	技术	优点	缺点
被动抑制	方向性分集、天线隔离	路径损耗使得自干扰信号衰减；减少设备间干扰；提高功率效率；隔离度越高自干扰信号衰减越明显	消除性能高度依赖于天线隔离和波束图；天线隔离度受限于设备尺寸、干扰信道估计精度等因素；SISO 信道的应用受限
主动消除	模拟消除	在接收机射频前端之前进行自干扰消除；量化噪声在 A/D 转换器输入端被有效降低；采用多发射/接收天线进行空域消除；干扰消除能力强；在认知无线电环境中能更好地检测到主用户	额外的硬件资源导致成本增加；模拟消除后仍然存在残存自干扰；空域消除中复数矩阵的计算导致较高的计算复杂度；发射功率受限
	数字消除	模拟消除后的残存自干扰可以在数字域进一步消除；调制独立性；解决隐藏终端问题；高碰撞检测能力	无法有效减少量化噪声；模拟消除能力制约数字消除效果；干扰消除能力有限

表 5-4 不同自干扰消除技术的性能指标

技术	传输功率	中心频率	带宽	天线距离	天线分离角度	消除能力	容量增益
带调零发射天线的 Quellan 消除算法	−3dBm	530MHz	20MHz			55dB	1～2
比例消除信号注入法	6dBm	2.4GHz	10MHz	≤33cm		58～81dB	≥1.7

技术	传输功率	中心频率	带宽	天线距离	天线分离角度	消除能力	容量增益
天线消除算法		2.4GHz	100MHz	$\lambda/2$		60dB	1.84
时域传输波束赋形	17dBm	2.4GHz	30MHz			50dB	
ZigZag		2.4GHz					1.25
天线隔离	−5～15dBm	2.4GHz	625kHz	20～40cm		39～45dB	
天线隔离及数字消除	−5～15dBm	2.4GHz	625kHz	20～40cm		70～76dB	
天线隔离及模拟消除	−5～15dBm	2.4GHz	625kHz	20～40cm		72～76dB	
天线隔离及模数消除	−5～15dBm	2.4GHz	625kHz	20～40cm		78～80dB	
方向分集	12dBm	2.4GHz	20MHz	10～15m	[45°,90°]		1.6～1.9

5.5　小　　结

上一章和本章中介绍的各种技术均是为了有效地消除全双工系统中的自干扰信号，将被动自干扰抑制和主动自干扰抑制结合起来可以进一步提高系统的自干扰消除能力。主动自干扰消除技术主要分为模拟自干扰消除和数字自干扰消除两大类，其中前者可以采用射频域消除方法，后者则借助于高精度自干扰信道估计技术来实现。当然，上述技术性能的发挥仍然受限于多重因素，例如，自干扰信号的快速时变特性导致信号特征难以实时捕捉、元器件的非线性特性导致对消信号失真、相位噪声等引发模拟域-数字域联合模拟架构下的性能损失等。为了进一步提升无线全双工系统自干扰消除能力，业界需要就上述问题做进一步研究。

参 考 文 献

[1] Suzuki H, Itoh K, Ebine Y, et al. A booster configuration with adaptive reduction of transmitter-receiver antenna coupling for pager systems//IEEE Vehicular Technology Conference, Houston, 1999.

[2] Raghavan A, Gebara E, Tentzeris E M, et al. Analysis and design of an interference canceller for collocated radios. IEEE Transactions on Microwave Theory and Techniques, 2005, 53(11): 3498-3508.

[3] Gollakota S, Katabi D. ZigZag decoding: combating hidden terminals in wireless networks. ACM SIGCOMM Computer Communication Review, 2008, 38(4): 159-170.

[4] Ju H, Oh E, Hong D. Catching resource-devouring worms in next-generation wireless relay systems: two-way relay and full-duplex relay. IEEE Communications Magazine, 2009, 47(9): 58-65.

[5] Radunovic B, Gunawardena D, Key P, et al. Rethinking indoor wireless: low power, low frequency, full-duplex. Microsoft Research Technical Report MSR-TR-2009-148, 2009.

[6] Sangiamwong J, Asai T, Hagiwara J, et al. Joint multi-filter design for full-duplex MU-MIMO relaying//IEEE Vehicular Technology Conference, Barcelona, 2009.

[7] Chun B, Jeong E R, Joung J, et al. Pre-nulling for self-interference suppression in full-duplex relays//Asia-Pacific Signal and Information Processing Association Annual Summit and Conference, Sapporo, 2009.

[8] Duarte M, Sabharwal A. Full-duplex wireless communications using off-the-shelf radios: feasibility and first results//Asilomar Conference on Signals, Systems and Computers, Pacific Grove, 2010.

[9] Radunovic B, Gunawardena D, Key P, et al. Rethinking indoor wireless mesh design: low power, low frequency, full-duplex//IEEE Workshop on Wireless Mesh Networks, Boston, 2010.

[10] Choi J I, Jain M, Srinivasan K, et al. Achieving single channel, full duplex wireless communication//Annual International Conference on Mobile Computing and Networking, Chicago, 2010.

[11] Lee J H, Shin O S. Full-duplex relay based on block diagonalisation in multiple-input multiple-output relay systems. IET Communications, 2010, 4(15): 1817-1826.

[12] Everett E, Dash D, Dick C, et al. Self-interference cancellation in multi-hop full-duplex networks via structured signaling//IEEE Annual Allerton Conference on Communication, Control and Computing, Monticello, 2011.

[13] Riihonen T, Werner S, Wichman R. Mitigation of loopback self-interference in full-duplex MIMO relays. IEEE Transactions on Signal Processing, 2011, 59(12): 5983-5993.

[14] Riihonen T, Balakrishnan A, Haneda K, et al. Optimal eigenbeamforming for

suppressing self-interference in full-duplex MIMO relays//IEEE Annual Conference on Information Sciences and Systems, Baltimore, 2011.

[15] Lopez-Valcarce R, Antonio-Rodriguez E, Mosquera C, et al. An adaptive feedback canceller for full-duplex relays based on spectrum shaping. IEEE Journal on Selected Areas in Communications, 2012, 30(8): 1566-1577.

[16] Kim C, Jeong E R, Sung Y, et al. Asymmetric complex signaling for full-duplex decode-and-forward relay channels//The 3rd International Conference on ICT Convergence, Jeju Island, 2012.

[17] Hua Y, Liang P, Ma Y, et al. A method for broadband full-duplex MIMO radio. Signal Processing Letters, 2012, 19(12): 793-796.

[18] Krikidis I, Suraweera H A, Yang S, et al. Full-duplex relaying over block fading channel: a diversity perspective. IEEE Transactions on Wireless Communications, 2012, 11(12): 4524-4535.

[19] Stankovic V, Spalevic P. Cooperative relaying with block DFT processing and full-duplex relays. Electronics Letters, 2013, 49(4): 300-302.

[20] Thangaraj A, Ganti R K, Bhashyam S. Self-interference cancellation models for full-duplex wireless communications//IEEE International Symposium on Intelligent Signal Processing and Communications Systems, Tamsui, 2012.

[21] Sahai A, Patel G, Sabharwal A. Pushing the limits of full-duplex: design and real-time implementation. arXiv:1107.0607, 2011.

[22] Avestimehr A S, Diggavi S N, Tse D N C. Wireless network information flow: a deterministic approach. IEEE Transactions on Information Theory, 2011, 57(4): 1872-1905.

[23] Taniguchi T, Karasawa Y. Design and analysis of MIMO multiuser system using full-duplex multiple relay nodes//IFIP Wireless Days Conference, Dublin, 2012.

[24] Choi D, Park D. Effective self interference cancellation in full duplex relay systems. Electronics Letters, 2012, 48(2): 129-130.

[25] Riihonen T, Werner S, Wichman R. Spatial loop interference suppression in full-duplex MIMO relays//IEEE Asilomar Conference on Signals, Systems and Computers, Pacific Grove, 2009.

[26] Lioliou P, Viberg M, Coldrey M, et al. Self-interference suppression in full-duplex

MIMO relays//IEEE Asilomar Conference on Signals, Systems and Computers, Pacific Grove, 2010.

[27] Sung Y, Ahn J, van Nguyen B, et al. Loop-interference suppression strategies using antenna selection in full-duplex MIMO relays//IEEE International Symposium on Intelligent Signal Processing and Communications Systems, Chiang Mai, 2011.

[28] Cheng Y C, Bellardo J, Benkö P, et al. Jigsaw: solving the puzzle of enterprise 802.11 analysis. ACM SIGCOMM, 2006: 39-50.

第 6 章 全双工系统中的 MAC 层协议设计

同时同频自干扰消除技术的不断突破使得全双工性能显著提升，这为无线全双工通信系统的实用化奠定了基础，同时也对全双工通信协议的研发提出了新的要求，尤其是对 MAC(Medium Access Control) 层协议的设计与优化带来了新的挑战。因此，作为全双工无线通信系统的重要组成部分，全双工 MAC 协议得到了业界广泛关注。

6.1 全双工系统 MAC 协议潜在的优势与挑战

目前许多的研究表明，全双工系统的优势不仅体现在频谱利用率的提升，也可能体现在上层协议运行效率中，比如 MAC 协议[1,2]。诸如端到端时延、网络拥塞以及隐藏终端等是传统半双工通信系统中普遍存在的问题，基于全双工模式的 MAC 协议可能在解决这些问题方面具有独特的优势[3]。

前面的章节主要关注同频自干扰消除，因此无论是理论分析还是实验验证都考虑两个设备之间的全双工通信场景，如图 6-1 所示。然而，全双工设备的实际应用场景要复杂得多，网络拓扑结构、通信节点类型及数量往往是不确定的，这也为全双工系统的 MAC 协议设计带来了诸多挑战。

图 6-1 两个 FD 节点通信示意图

以无线局域网为例，无线接入点(Access Point，AP)往往同时服务于多个用户，不同的节点可能位于彼此的检测范围外，无法侦听到对方，从而产生隐藏终端的问题。如图 6-2 所示，节点 1 和节点 2 都在 AP 的可靠无线电通信范围内，但是节点 1 和节点 2 无法有效侦测到对方。如果节点 1 向 AP 发送数据，而节点 2 在未侦测到节点 1 的情况下同时向 AP 发送数据，则会导致信号在 AP 处发生冲突。

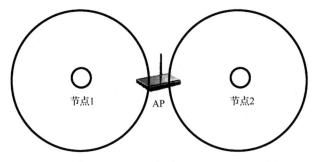

图 6-2　隐藏终端示意图

为了解决上述问题，业界普遍采用 CSMA/CA（Carrier Sense Multiple Access with Collision Avoidance）协议（而非主动侦测的方法）来避免冲突。接下来，以无线局域网中的 AP 为例描述该协议的主要流程。

（1）用户向 AP 发送数据之前，首先检测信道是否空闲。如果信道持续空闲一个 DIFS（长帧间隔），则发送数据。

（2）AP 正确接收到一个数据帧后，等待一个 SIFS（短帧间隔），向用户发送确认帧 ACK。

（3）如果用户在规定时间内未接收到确认帧 ACK，则重复发送，直到收到确认帧 ACK。或者失败若干次后放弃发送。

对于 CSMA/CA 协议，在 HD 模式下，节点在发送数据的同时无法检测信道是否有冲突，因此依然无法解决终端隐藏问题。在 FD 模式下，节点具有同时同频收发能力，因此可以有效缓解这些问题[1]。综上所述，设计新的 MAC 层协议，为提升基于 FD 技术的无线网络吞吐量提供了可能[4]。

尽管 FD 模式展现了多方面提升网络性能的前景，如何设计一个高效的适用于 FD 系统的 MAC 协议层依然是一个极具挑战性的任务[3]。例如，两 FD 节点间使用同步全双工技术在理论上可以实现最高的频谱利用率与吞吐量，但现实中受节点数量、拓扑结构等诸多因素影响，同步全双工模式并不总是可行的，某些情况下需要考虑采用异步全双工模式。这里依然以图 6-2 所示的场景为例，假设所有节点都具备自干扰消除功能，考虑以下可能存在的两种情况。

情况 1：AP 向节点 1 发送数据时已经开始接收来自节点 2 的数据。由于无线信道的复杂多变，AP 的接收机为了能够准确地恢复节点 2 发出的信号，往往需要进行信道估计以适时调整接收机参数，达到最佳接收效果。这里存在的挑战是，由于 AP 正在向节点 1 发送数据，发射机的自干扰会对信道估计带来不利的影响。这里将传统意义的信道估计称为"净估计"（Clean Estimation），而将持续发送数据时的信道估计称为"脏估计"（Dirty Estimation）。考虑自干扰的存在会增加误比特率，当 SINR 减小时这种影响更为明显，文献[1]通过实验对比了不同 SINR 下，信道的"脏估计"与"净估计"对接收机误码率 BER 的影响。实验结果如表 6-1 所示。

表 6-1　不同情况下信道估计对误码率的影响

SINR/dB	BER（脏估计）	BER（净估计）
18	2×10^{-6}	0
14	4×10^{-4}	1.4×10^{-4}
11	9×10^{-3}	1.8×10^{-3}
8	2.4×10^{-2}	5×10^{-3}
7	2.5×10^{-2}	9×10^{-3}

可以看出，随着 SINR 的降低，无论是"脏估计"还是"净估计"，误码率均会升高，但是在相同 SINR 条件下，"脏估计"比"净估计"的误码率高。这意味着在异步模式下使用全双工通信，会导致双工通信容量的降低。

情况 2：AP 正在接收节点 2 的数据时向节点 1 发送数据。这种通信模式的可靠性不高。由于在进行自干扰消除之前，节点发射机带来的自干扰信号比天线接收到的外部节点的有用信号强度大很多，如果通信设备物理层正在接收数据包时发送数据包头，则尚未消除的自干扰信号足以淹没有用接收信号。在接收数据包时，AP 采用自动增益控制（Automatic Gain Control，AGC）的方式，使接收到的信号占据了 ADC 的全部动态范围。这样导致接收机通过信道估计以获得自干扰消除信号特征的企图面临"自冲突"问题。针对上述问题，业界提出了两种解决方案，第一种方案是暂时不处理"接收信号占据了多少动态范围"这个难题，以此来避免损坏数据包。这种方案的缺点是增加了接收机的量化噪声，降低了信干噪比，从而降低了全双工性能增益。另一种方案是采用自干扰信道的非实时估计，这种方案在应对快速时变自干扰信号时难以准确捕捉信号特征，因此其可靠性难以保障。

6.2　全双工 MAC 协议研究现状

从前面的分析可以看出，在实际系统中，由于应用环境的复杂多变性，全双工的优势并不总是能够充分发挥。正如文献[2]中所指出，尽可能地为所有无线节点提供公平的信道接入机会，最大限度地提高整个网络的吞吐量，这是 FDMAC 协议设计的基本原则。下面介绍两种典型的高效全双工 MAC 层协议。

6.2.1 基于 Busytone 辅助的 MAC 协议

6.1 节讨论了隐藏终端问题对无线网络通信带来的不利影响，目前的非全双工网络采用 CSMA/CA 协议等方式用于缓解信道冲突、隐藏终端等问题。由于非全双工节点在接收数据的同时无法通知其他节点，而全双工节点可以在接收数据的同时向其他节点发送数据，利用这一优势可以进一步缓解无线网络中的信道冲突、隐藏终端等问题。文献[5]针对两个全双工节点之间交换数据这种最简单的场景进行了讨论，以图 6-2 所示的场景为例，假设某一时刻，节点 1 与 AP 之间发起全双工数据传输。虽然节点 2 侦测不到节点 1 的信号，但是如果 AP 在向节点 1 发送数据，那么节点 2 能够检测到由 AP 发送数据导致的信道占用，从而继续等待，避免冲突。然而，AP 向节点 1 发送数据的长度可能比节点 1 向 AP 发送的数据长度短，因此当 AP 继续接收节点 1 的数据时，可能已经停止了数据发送。这时，节点 2 检测到了信道空闲，向 AP 发起传输请求，就可能导致冲突。针对这个问题，文献[1]提出了一种采用 Busytone 辅助的 MAC 协议，该协议的流程如图 6-3 所示。

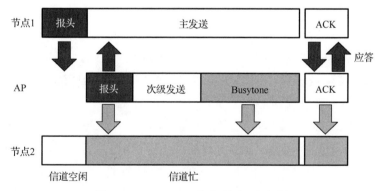

图 6-3 Busytone 协议流程示意图

节点 1 与 AP 之间发起全双工数据通信，如果在节点 1 发送完成之前，AP 已经完成了对节点 1 的有效数据发送，则继续发送 Busytone 数据段，Busytone 本身不包含有意义的数据信息，仅用来向其他节点表明当前信道占用。因此，节点 2 虽然侦测不到节点 1 发出的无线电信号，但是在节点 1 与

AP 传输完成之前，节点 2 都能够侦测到信道占用，从而避免冲突。

上述协议在莱斯大学的 WARP V2 平台中实现并验证[6]，该平台采用类似 WiFi 的数据包格式和 64 子载波 OFDM 物理层信令，带宽为 10MHz。实验表明，在 2Mbit/s 的数据速率下，采用 Busytone 辅助 MAC 协议能够防止 88% 的由冲突引起的数据丢包，同时保持 83.4% 的数据包有效接收率，因此远远超过 HD 协议所达到的数据包接收率（如 52.7%）。由于次级传输是在接收到主发送数据报头之后开始的，所以该协议也无法完全避免隐藏终端导致的冲突，并且随着流量负载的升高，冲突次数也会增加，从而导致更高的丢包率。当流量增加到 4Mbit/s 时，基于该协议的数据包有效接收率降低到 68.3%。

6.2.2　FD-MAC 协议

尽管基于 Busytone 辅助的 MAC 协议可以有效缓解由隐藏终端导致的冲突，但是 Busytone 本身不传输有效数据信息，因此不可避免地会导致频谱利用率的降低。文献[2]提出的 FD-MAC 协议，通过共享随机退避（Shared Random Backoff，SRB）、窥探（Snooping）、虚拟竞争解决（Virtual Contention Resolution）三种机制，可以在不依赖于 Busytone 填充的情况下避免或缓解由隐藏终端导致的冲突等问题。

共享随机退避：如果两个全双工节点需要传输大量的数据，则可能造成较长时间的信道占用，从而导致其他节点在较长时间内始终无法接入，这也违背了网络协议设计的基本原则。共享随机退避的思想是，在这种情况下，两个节点通过共享退避计数等方式，在传输的时间内互相协调、保持同步，间断的释放信道，以使其他无线节点有机会接入。

窥探：这种机制要求节点对有效无线信号接收范围内的所有正在传输的数据包头进行接收，并据此估计当前网络拓扑结构，判断当前节点是否形成"团"形拓扑（Clique）或具有隐藏节点的拓扑，如图 6-4 所示。

在 6.1 节中讨论过，在某些情况下，需要使用异步全双工方式进行通信，异步全双工通信有可能带来误码率提升或者通信不可靠等问题，因此可以使用窥探机制估计当前网络拓扑结构，并适时调整传输策略，这对避免冲突、提高通信质量具有重要意义。

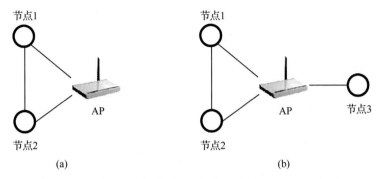

图 6-4　"团"形拓扑与具有隐藏节点的拓扑示意图

虚拟竞争解决：该机制要求 AP 查看接收缓冲区的多个数据包，然后从统计学角度进行决策，判断先对哪个数据包进行处理。通过查看缓冲区多个数据包，AP 能够发现更多的利用全双工的机会。需要注意的是，这种机制可能导致 AP 的线头阻塞数据包发送延迟，从而影响上层协议的运行效率。

该文献的实验数据表明，相对于非全双工系统，所提出的 FD-MAC 协议能够获得高达 70%的吞吐量增益。

6.3　全双工 MAC 协议待解决的问题

尽管现有的全双工 MAC 层协议能够在一定程度上解决诸如隐藏终端等问题，相关领域许多关键问题仍需进一步解决，如低功耗全双工 MAC 层协议设计、认知无线电网络中的全双工 MAC 层协议设计等。

(1)全双工 MAC 层协议设计中的低功耗问题：现有的大多数无线终端设备的电源携能是受限的，因此，必须设计低功耗 MAC 层协议以延长电源寿命，提高整个无线网络的生存性。

(2)非结构化网络中的全双工 MAC 层协议：与蜂窝网络等结构化网络不同，非结构化网络(如 Ad Hoc)设备通常以本地化、自组织等方式来执行网络功能。因此，新的 MAC 层协议必须摆脱中心控制功能，支持自组织、自优化等方式来获取全双工性能增益。

(3)全双工认知 MAC 协议设计：尽管全双工技术能够有效地解决无线认知网络中的主接收用户检测问题，但在高速移动的环境下仍然难以实现最优检测。另外，全双工 MAC 层协议必须确保全双工设备能够有效地识别其他全双工设备，并在异构网络环境中(例如，网络节点既包括半双工节点，又包括全双工模式)显著优化整个网络性能。

(4)全双工 MAC 层协议与现有 MAC 层协议的兼容问题：全双工 MAC 层协议必须与现有半双工 MAC 层协议完全兼容。此外，为了保证用户间的公平性，无线接入功能必须为全双工节点与半双工节点提供公平的竞争环境，避免在资源共享等方面对全双工节点造成倾向性。

6.4　小　　　结

全双工节点的同时同频收发特性虽然可以大大提升网络容量，但必须解决杂的自干扰问题，并且，如何充分利用全双工机制提升网络性能、缓解或避免网络堵塞及隐藏终端问题，这使得传输调度更加复杂，对全双工 MAC 协议的设计带来了诸多挑战。本章对 FD 系统 MAC 协议潜在的优势与设计挑战、FD 系统 MAC 协议研究现状以及取得的成果进行了叙述，虽然学术界对全双工 MAC 协议的研究取得了一定的成果，但是目前依然没有制定全双工 MAC 协议的行业标准，相关研究依然有许多待解决的问题。

参 考 文 献

[1]　Jain M, Choi J I, Kim T, et al. Practical, real-time, full duplex wireless//The 17th Annual International Conference on Mobile Computing and Networking, Las Vegas, 2011.

[2]　Sahai A, Patel G, Sabharwal A. Pushing the limits of full-duplex: design and real-time implementation. https://arxiv.org/abs/1107.0607, 2011.

[3]　Choi J I, Jain M, Srinivasan K, et al. Achieving single channel, full duplex wireless communication//The 17th Annual International Conference on Mobile Computing and Networking, Chicago, 2010.

[4]　Li S, Murch R D. Full-duplex wireless communication using transmitter output based echo cancellation//IEEE Global Telecommunications Conference, Houston, 2011.

[5]　Singh N, Gunawardena D, Proutiere A, et al. Efficient and fair MAC for wireless networks with self-interference cancellation//International Symposium of Modeling and Optimization of Mobile, Ad Hoc and Wireless Networks, Princeton, 2011.

[6]　Carrier-sense medium access reference design. http://warpproject.org/trac/wiki/ CSMAMAC, 2008.

第7章　实际系统环境下全双工算法设计与实现

全双工技术以其链路容量倍增及其潜在的频谱资源利用率提升能力得到了学术界和工业界的广泛关注。随着全双工理论与技术的发展，国际上已经有多个全双工设备原型系统被相继开发出来。借助自干扰消除算法，相关原型系统均在一定程度上证明了全双工模式的有效性与可行性。用户对时延等的需求是多样化的，然而现存的框架没有考虑时延约束或者严格的时延约束，无法满足用户的需求。因此需要更为精确的全双工中继网络算法来弥补上述缺陷。

本章介绍实际全双工系统的算法的设计与实现，包括中继网络编码、最优中继选择、最优功率和资源分配等，如图 7-1 所示。表 7-1 总结了全双工系统设计和优化方面的主要成果。

图 7-1　全双工系统的设计与优化中的相关技术

表 7-1　全双工设计与优化方面的主要成果

年份	作者	主要贡献
1995 年	Yates[1]	提出了一个统一的上行功率控制框架，用来分析分布式功率控制算法的收敛性
2006 年	Mesbah 等[2]	推导出了全双工多址系统中最优功率控制的闭式解
	Dana 等[3]	在多并行两跳中继链路中，接收合并采用相位旋转滤波器保证正交性
	Shibuya[4]	研究了采用 OFDM 的单频网络广播系统的全双工中继问题
2008 年	Riihonen 等[5]	在三节点协作 OFDM 系统中采用全双工 AF 模式的情况下提出了一种同向方案来提升相干合并增益
	Choi 等[6]	与循环延迟分集类似，在接收合并端进行相位分集变换以提升系统性能
2009 年	Riihonen 等[7]	根据自干扰信道信息以及其他信道信息的误差来控制中继传输功率
	Song 等[8]	采用全双工 AF 模式，研究了 MISO 情况下的功率控制

续表

年份	作者	主要贡献
2010 年	Rong[9]	在接收机端利用最小均方误差(MMSE)准则或者最小均方误差判决反馈均衡(MMSE-DFE)来实现异步协作分集
	Rui 等[10]	通过中继选择实现平均容量和误码率性能的优化
	Lee 等[11]	基于块对角化提出了一种全双工中继模式,通过虚拟移动台和基站的方式抑制移动台之间的多用户干扰和中继自干扰
	Hatefi 等[12]	在全双工多址中继信道中,考虑迭代块-马尔可夫网络-信道分布式编码以及在目的节点采用迭代联合编码,研究了联合网络-信道编码的优势
2011 年	Li 等[13]	在全双工多址中继网络中采用异或网络编码方式来获得更好的协作分集
	Ng 等[14]	对于全双工 OFDMA 中继系统中的时延敏感型用户,考虑不同的数据速率需求,研究了资源分配和调度的联合优化问题
	Yamamoto 等[15]	在混合半/全双工模式下采用最优传输调度方法提高端到端吞吐量
	Miyagoshi 等[16]	在由一个源节点、一个中继节点、两个目的节点组成的混合半/全双工中继系统中提出了一种调度方案
	Riihonen 等[17]	结合机会中继节点选择以及发射功率自适应技术,实现瞬时和平均频率效率最大化
	Kang 等[18]	在退化认知信道条件下提出了一种最优功率分配方式
	Ivashkina 等[19]	在删除中继信道中研究了双层删除低密度奇偶校验码(BE-LDPC)和双层删除低密度奇偶校验码(BL-LDPC)的渐进迭代性能
2012 年	Liu 等[20]	提出了全双工异步协作通信中的两种分布式线性卷积空时编码(DLC-STC)方案
	Kim 等[21]	在认知无线电网络中,提出一种不需要主用户和次级用户链路的瞬时链路状态信息(Channel State Information,CSI)的中断受限功率分配方式
	Krikidis 等[22]	结合空间分集的优势和高频谱效率提出了全双工 AF 多中继选择方案
	Cheng 等[23]	研究了半/全双工中继网络中的最优资源分配方案,以解决统计 QoS 配置问题
	Ng 等[24]	将 MIMO-OFDMA 全双工系统中的资源分配和调度问题转化为标量优化问题
	Bliss 等[25]	研究了实际硬件条件下全双工同频道 MIMO 节点的性能
	Day 等[26]	研究了全双工 MIMO 硬件限制的理论影响因子
	Ivashakina[27]	证明了在全双工双层删除中继信道中的确定条件下,分块马尔可夫结构可以提高删除检测稀疏图码的渐进性能
	Ju 等[28]	研究了干扰受限的全双工 MIMO 多跳网络中的波束赋形问题,以此有效提升信号的传输和接收效率
2013 年	Zhong 等[29]	提出了一种全双工 DF 中继选择方案,推导出了信道容量和中断概率的闭式解表达式
	Lee 等[30]	采用分布式波束赋形方案实现多用户 MIMO 全双工中继
	Zheng 等[31]	基于全双工认知基站研究了认知无线电网络的可实现区域

7.1　全双工中继网络编码

先进的网络编码技术已经被广泛应用于协作通信系统中。例如,联合网络编码机制结合了信道编码与网络编码的特点,在协作通信系统中得到了较好的应用。然而，目前网络编码多应用于半双工模式，针对全双工系统设计的新网络编码将有助于充分挖掘全双工系统的性能增益。

(1)全双工协作通信系统中的分布式空时码设计：文献[20]将直传链路信号视为有用信号，并且在中继端采用 AF 方式传送连续符号(长度为 b)，两种应用于全双工异步协作通信系统的分布式线性卷积空时码如图 7-2 所示。

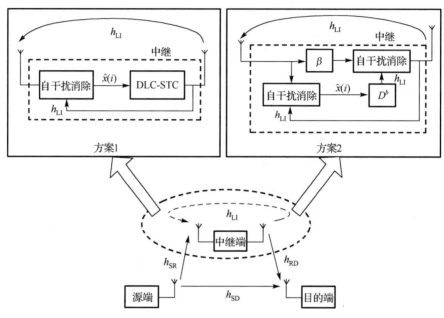

图 7-2　应用于全双工系统的分布式线性卷积空时码

其中，第一种编码考虑理想的自干扰消除。源端发射信号为 $x(i)$，发射归一化功率为 $E_s = E\left[\left|x(i)\right|^2\right] = 1$，$n_R(i)$ 为服从 $\mathcal{CN}(0, \sigma_R^2)$ 的加性噪声，假设中继端已知自干扰信道 h_{LI} 的信息，从接收信号 $r(i)$ 中将自干扰信号 $h_{LI}t(i)$ 移除，则自干扰消除后的信号 $\hat{x}(i)$ 可以表示为

$$\hat{x}(i) = r(i) - h_{LI}t(i) = h_{SR}x(i) + n_R(i) \tag{7-1}$$

如果分布式线性卷积空时编码(Distributed Linear Convolutional Space-Time Coding，DLC-STC)由移位满秩(Shift Full Rank，SFR)矩阵 M 产生，系统可以获得满分集增益。直传链路作为一种"特殊"的中继构成了生成矩阵 M 的第一行，中继链路构成了 M 的其他行。由于模型共有两个中继(包括直传链路)，则 M 可以表示为

$$M = \begin{bmatrix} 1 & 0 & \cdots & 0 \\ m_1 & m_2 & \cdots & m_b \end{bmatrix} \tag{7-2}$$

若将中继的发射功率进行归一化处理，则 $\sum\limits_{j=1}^{b}\left|m_j\right|^2 = 1$，中继 DLC-STC 编码为

$$t(i) = \sum_{j=1}^{b} m_j \hat{x}(i-j) \tag{7-3}$$

无论中继的时延分布如何，采用最大似然（Maximum Likelihood，ML）或者最小均方误差判决反馈均衡（Minimum Mean-Square Error Decision Feedback Equalization，MMSE-DFE），接收机总能够获得满异步分集增益。考虑到使得 M 为 SFR 矩阵的 m_j 不唯一，$1 \leqslant j \leqslant b$，在方案 1 的仿真实验中采用 $m_j = 1/\sqrt{b}$，$1 \leqslant j \leqslant b$。

第二种编码能够容忍一定程度的残存自干扰信号，从接收信号 $r(i)$ 中将自干扰信号部分移除，之后进行放大（放大因子为 β）转发。与方案 1 相同，方案 2 也需要对源端信号进行估计，不同之处在于方案 2 所估计的信号不是用于编码，而是在 b 个采样周期（图 7-2 中用 D^b 表示）后用于干扰消除。该方案的生成矩阵可以表示为

$$M = \begin{bmatrix} 1 & 0 & \cdots & 0 \\ \beta & \beta(h_{\text{LI}}\beta) & \cdots & \beta(h_{\text{LI}}\beta)^{b-1} \end{bmatrix} \tag{7-4}$$

假设 S→D、S→R、R→D 以及自干扰信道均为准静态平稳瑞利衰落，每个信息符号帧的长度为 20，采用 QPSK 调制方式。由于每个信道的平均功率增益均归一化为 1，所以可将中继和目的端的信噪比分别表示为 $\text{SNR}_{\text{R}} = \dfrac{E_s}{\sigma_{\text{R}}^2}$ 和 $\text{SNR}_{\text{D}} = \dfrac{E_s}{\sigma_{\text{D}}^2}$，其中，$\sigma_{\text{D}}^2$ 表示目的端加性噪声的方差。

图 7-3 为采用 MMSE-DFE 接收机，当中继已知自干扰信道的全部信息时，仅考虑连续传输的编码符号长度 b 对方案 2 的性能影响。可以看出，当 $b=2$ 时方案 2 的性能优于时延分集码（$b=1$），然而当 $b>2$ 时系统性能变化并不明显。

假设方案 2 中令 $b=3$，图 7-4 分别在 $\text{SNR}_{\text{R}} = 30\text{dB}$ 和 $\text{SNR}_{\text{D}} = 30\text{dB}$ 分析 SNR_{D} 和 SNR_{R} 对系统 BER 性能的影响。可以看出，当中继节点能够获取精确的自干扰信道信息时，两种 DLC-STC 方案性能均优于时延分集方案，并且第一种编码性能明显优于第二种编码性能。

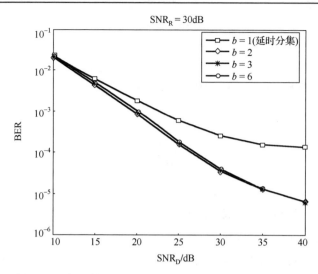

图 7-3　连续符号长度 b 对方案 2 BER 性能的影响

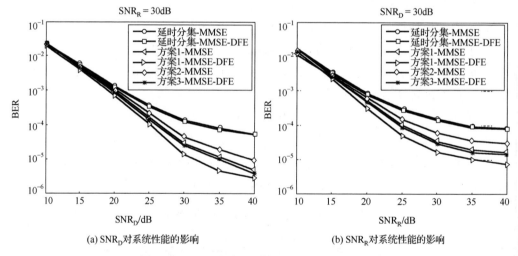

(a) SNR_D 对系统性能的影响　　　　(b) SNR_R 对系统性能的影响

图 7-4　不同方案下系统 BER 性能的对比

　　同时，文献[20]表明当自干扰信道估计误差的方差与背景噪声方差相当时，第二种编码将获得更好的性能。

　　(2)异或网络编码：文献[13]提出一种应用于多址全双工中继网络的网络编码(Network Coding，NC)方案，在中继采用异或网络编码算法，在基站采用迭代译码算法。上行多址中继信道系统模型如图 7-5 所示，两个终端用户在全双工中继的协同下与基站进行通信。NC 算法和参考算法的传输策略分别如图 7-6 和图 7-7 所示。

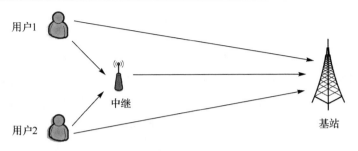

图 7-5　多址中继信道模型

时隙	0	1	2	3	...	2t	2t+1	2t+2	2t+3	...	2T-2	2T-1	2T	2T+1
用户1	a_0		a_1		...	a_t		a_{t+1}		...	a_{T-1}			
用户2		b_0		b_1	...		b_t		b_{t+1}	...		b_{T-1}		
中继发送			$\pi_1\!\begin{pmatrix}a_0\\ \oplus\\ b_0\end{pmatrix}$	$\pi_2\!\begin{pmatrix}a_0\\ \oplus\\ b_0\end{pmatrix}$	...	$\pi_1\!\begin{pmatrix}a_{t-1}\\ \oplus\\ b_{t-1}\end{pmatrix}$	$\pi_2\!\begin{pmatrix}a_{t-1}\\ \oplus\\ b_{t-1}\end{pmatrix}$	$\pi_1\!\begin{pmatrix}a_{t}\\ \oplus\\ b_{t}\end{pmatrix}$	$\pi_2\!\begin{pmatrix}a_{t}\\ \oplus\\ b_{t}\end{pmatrix}$	...	$\pi_1\!\begin{pmatrix}a_{T-2}\\ \oplus\\ b_{T-2}\end{pmatrix}$	$\pi_2\!\begin{pmatrix}a_{T-2}\\ \oplus\\ b_{T-2}\end{pmatrix}$	$\pi_1\!\begin{pmatrix}a_{T-1}\\ \oplus\\ b_{T-1}\end{pmatrix}$	$\pi_2\!\begin{pmatrix}a_{T-1}\\ \oplus\\ b_{T-1}\end{pmatrix}$
基站译码			a_0	b_0	...	a_{t-1}	b_{t-1}	a_t	b_t	...	a_{T-2}	b_{T-2}	a_{T-1}	b_{T-1}

图 7-6　NC 算法的传输策略

时隙	0	1	2	3	...	2t	2t+1	2t+2	2t+3	...	2T-2	2T-1	2T	2T+1
用户 1	a_0		a_1		...	a_t		a_{t+1}		...	a_{T-1}			
用户 2		b_0		b_1	...		b_t		b_{t+1}	...		b_{T-1}		
中继发送			$\pi_1(a_0)$	$\pi_2(b_0)$	...	$\pi_1(a_{t-1})$	$\pi_2(b_{t-1})$	$\pi_1(a_t)$	$\pi_2(b_t)$	...	$\pi_1(a_{T-2})$	$\pi_2(b_{T-2})$	$\pi_1(a_{T-1})$	$\pi_2(b_{T-1})$
基站译码			a_0	b_0	...	a_{t-1}	b_{t-1}	a_t	b_t	...	a_{T-2}	b_{T-2}	a_{T-1}	b_{T-1}

图 7-7　参考算法的传输策略

将一个传输周期定义为 $2T+2$ 个时隙：用户 1 发送 T 个时隙的消息，每个时隙发送 N 个比特的数据包 $\{a_t : t=0,1,\cdots,T-1\}$；用户 2 发送 T 个时隙的消息，每个时隙发送 N 个比特的数据包 $\{b_t : t=0,1,\cdots,T-1\}$。一个传输帧包含两个时隙，每个终端用户发送编码比特 $a_t=[a_t^1,a_t^2,\cdots,a_t^N]$，或者 $b_t=[b_t^1,b_t^2,\cdots,b_t^N]$；$a_t^i$ 或者 b_t^i 表示一个时隙中第 i 个比特；N 表示一个时隙中的码字数。对于每一个时隙 $t' \in \{0,1,\cdots,2T-1\}$，用 $s_{t'}$ 表示两个用户广播的编码比特，则 $s_{2t}=a_t$，$s_{2t+1}=b_t$。

中继对数据进行解码和重新编码，c_{2t} 和 c_{2t+1} 表示中继向基站发送的编码比特，则 $c_{2t}=\pi_1(a_{t-1}\oplus b_{t-1})$，$c_{2t-1}=\pi_2(a_{t-1}\oplus b_{t-1})$。采用信号叠加算法，则基站从用户终端和中继接收到的信号记为

$$y_{t'}^i = h_{s(t')}^i \cdot M(s_{t'}^i) + h_{c(t')}^i \cdot M(c_{t'}^i) + n_{t'}^i \qquad (7\text{-}5)$$

其中, $h_{s(t')}^i$ 表示直传链路的信道系数, $h_{c(t')}^i$ 表示中继到基站的链路信道系数, $n_{t'}^i$ 表示零均值且方差为 σ^2 高斯噪声。

由于软解调技术将发送信号作为先验对数似然比(Logarithm Likelihood Ratio, LLR)输入, 一般情况下将 $s_{t'}^i$ 的先验 LLR 定义为

$$L_e(s_{t'}^i) = \ln \frac{P(s_{t'}^i = 0)}{P(s_{t'}^i = 1)} \qquad (7\text{-}6)$$

根据迭代原则, 利用先验和后验 LLR 可以得出软解调发送的非本征 LLR 为

$$
\begin{aligned}
L_0(s_{t'}^i) &= L(s_{t'}^i) - L_e(s_{t'}^i) \\
&= \ln \frac{\exp\left(-\dfrac{1}{2\sigma^2}\left|y_{t'}^i - h_{s(t')}^i - h_{c(t')}^i\right|^2\right) + L_e(s_{t'}^i) + \exp\left(-\dfrac{1}{2\sigma^2}\left|y_{t'}^i + h_{s(t')}^i - h_{c(t')}^i\right|^2\right)}{\exp\left(-\dfrac{1}{2\sigma^2}\left|y_{t'}^i - h_{s(t')}^i + h_{c(t')}^i\right|^2\right) + L_e(s_{t'}^i) + \exp\left(-\dfrac{1}{2\sigma^2}\left|y_{t'}^i + h_{s(t')}^i + h_{c(t')}^i\right|^2\right)}
\end{aligned} \qquad (7\text{-}7)
$$

基站根据接收信号 $y_{t'}^i$ 对数据进行解码, 解码器需要对不同路径发送的数据包进行判决。给定任意两个比特 a 和 b, 采用异或性质计算 $a \oplus b$ 的 LLR:

$$
\begin{aligned}
L(a \oplus b) &= L(a) \boxplus L(b) \\
&= \ln \frac{P(a \oplus b = 0)}{P(a \oplus b = 1)} = \ln \frac{1 + \exp(L(a)) \cdot \exp(L(b))}{\exp(L(a)) + \exp(L(b))}
\end{aligned} \qquad (7\text{-}8)
$$

其中, $\boxplus$ 表示模块相加。可以通过两步实现迭代解码算法: 初始化设置先验 LLR $L_e(a_t) = 0$, $L_e(b_t) = 0$; 产生后验 LLR $L(a_{t+1})$ 和 $L(b_{t+1})$, 更新后验 LLR $L(a_t)$ 和 $L(b_t)$, 以及先验 LLR $L_e(a_t)$ 和 $L_e(b_t)$。

文献[13]中对全双工 MARC 网络中的 BER 性能进行了仿真分析, 基于相同的用户总发射功率比较参考协作中继、简单直传链路(无网络编码和中继)和所提出算法, 实验中假设每帧有 2048 个比特, 每次算法执行需迭代 6 次。

图 7-8 为 AWGN 信道下不同模式的 BER 性能, 可以看出当 BER 为 10^{-4} 时, 参考算法较直传链路性能提升 1.2dB, 而所提出算法较参考算法进一步提升 1.0dB。图 7-9 为瑞利衰落信道下不同模式的 BER 性能, 当 BER 为 10^{-4} 时所提出算法较参考算法性能提升 2.3dB。

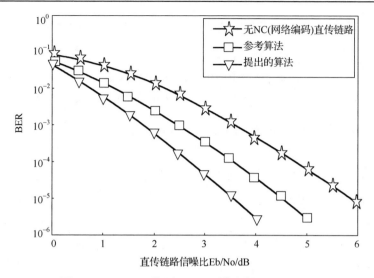

图 7-8　AWGN 信道下不同模式的 BER 性能

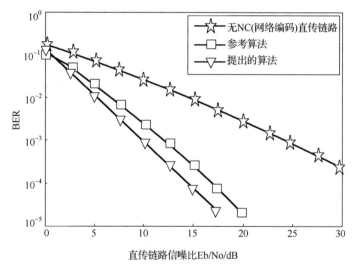

图 7-9　瑞利衰落信道下不同模式的 BER 性能

　　(3)删除信道的 BM LDPC 码：文献[27]设计了一种稀疏图双层低密度奇偶校验码(Low Density Parity Check，LDPC)，编码过程充分利用源端的分块马尔可夫(Block-Markov，BM)编码。该编码方式可以在任何接收模式(正交接收或非正交接收)下有效地提高全双工二进制可擦除中继信道的传输性能。

　　该传输模型中，源端(S)、中继端(R)、目的端(D)的编码过程如下。

源端用 $\omega_1,\cdots,\omega_M$ 表示 M 个需要传输的信息包，采用 C_S 码对每个 ω 产生一个消息 X，发送消息 X_1，即

$$X_1=\begin{cases} X \oplus X_2(b_{\text{past}}), & \text{采用BM编码方式} \\ X, & \text{采用独立编码方式} \end{cases} \tag{7-9}$$

其中，b_{past} 表示码字 X 的二进制消息，$X_2(b_{\text{past}})$ 表示 C_R 码的码字，在传输之初 $b_{\text{past}}=0$。

中继端接收 X_1 并计算二进制消息 b，采用 C_R 码对 b 进行重新编码得到消息 $X_2(b)$，随后发送 $X_2(b)$。

目的端通过正交/非正交方式接收信号 X_1 和 X_2：在正交接收中，两路信号分别以删除概率 ε_{SR} 和 ε_{RD} 通过独立的二进制删除信道；在非正交接收中，其信号输出 Y 的计算方式如下：

$$Y=\begin{cases} X_1, & \text{概率为}(1-\varepsilon_{\text{SD}})(1-\varepsilon_{\text{RD}}) \\ X_1 \oplus X_2, & \text{概率为}(1-\varepsilon_{\text{SD}})\varepsilon_{\text{RD}} \\ X_2, & \text{概率为}\varepsilon_{\text{SD}}(1-\varepsilon_{\text{RD}}) \\ \text{删除元}, & \text{概率为}\varepsilon_{\text{SD}}\varepsilon_{\text{RD}} \end{cases} \tag{7-10}$$

(4) 联合网络编码与信道编码：与传统的网络编码(即网络编码与信道编码分别考虑)相比，联合编码方式能够结合二者的优点。文献[12]表明在全双工多接入中继信道中，联合网络信道(Joint Network Channel，JNC)编码采用分块马尔可夫网络编码与递归联合解码相结合的方式，能够有效地获得优于半双工模式的性能增益。

系统模型包括两个信号源、一个中继节点和一个目的节点，其中中继节点和目的节点的接收天线数分别为 N_R 和 N_D。假设传输的数据块数固定为 $B+1$，编号 $b=0,\cdots,B$，两个信号源仅发送块 $b=0,\cdots,B-1$，在最后一个传输块不发送信号。在每个数据块的发送过程中，中继节点的处理过程如图 7-10 所示。通过联合判决和译码过程对两个信号源的二进制矢量 u_1^b 和 u_2^b 进行估计，根据估计值 $\hat{u}_1^b$ 和 $\hat{u}_2^b$ 决定是否进行协作。随后中继将两个交织二进制流通过交织器 π 编码线性结合起来。目的端接收到所有的数据块后便进行解码，采用软输入软输出最大后验检测器对信号进行计算。

图 7-11 为不同迭代次数和不同天线数条件下系统的联合块差错率(Joint Block Error Rate，BLER)性能。实验采用 16QAM 调制，总速率 $\eta=10/3\,\text{bit}/\text{c.u}$，

图 7-10　中继端数据处理原理图

$B=5$，对 $N_R=1$、$N_D=1$ 和 $N_R=2$、$N_D=3$ 这两种情况进行仿真。可以看出，当迭代次数为 10 时，JNC 接收机的 BLER 性能已经比较接近理想情况，表示自干扰信号近乎被彻底消除。

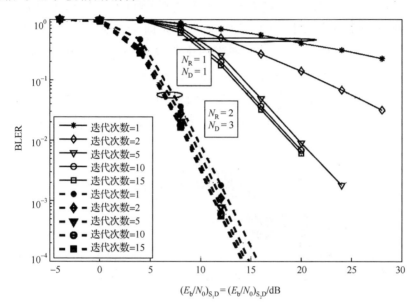

图 7-11　全双工 MARC（16QAM）JNC 分布式编码的 BLER 性能

7.2　全双工中继选择

协作通信中继选择系统结合不同中继的独立衰落信号，选择源节点和目的节点之间的最优中继，并且备选中继越多性能提升越显著。在多中继协作通信系统中，半双工中继选择算法具有显著提升系统性能、有效利用系统资源、硬件复杂度低等优势，得到了业界的广泛研究。鉴于中继选择的诸多优势，该技术在全双工系统中也得到了充分的关注。

（1）DF 模式中继选择：文献[29]将机会中继选择算法和 DF 模式结合起来，提出一种新的全双工中继选择算法。其协作中继网络模型由一个源节点（S）、

N 个全双工 DF 中继节点(记为集合 $\Omega=\{R_i, i=1,2,\cdots,N\}$)、一个目的节点(D)组成,假设直传链路处于深度衰落状态,并且 S 和 R_i 的发射功率分别为 P_S 和 P_R。

第 k 个中继节点被选择为最优中继节点的条件是

$$k = \arg \max_{i:R_i \in \Omega} \min\{\gamma_{R_i}, \gamma_D\} \tag{7-11}$$

其中,γ_{R_i}、γ_D 分别表示第 i 个候选中继和目的节点接收到的等价信干噪比。预设门限 $\gamma_{th} = 2^K - 1$(K 表示系统支持的目标速率,全双工系统中,目标速率等于平均信道容量,即 $K=R$)。

协作链路的等价 SINR 可以表示为

$$\gamma_{eq} = \min\{\gamma_{R_k}, P_R \gamma_{R_k D}\} \tag{7-12}$$

文献[29]提出的机会选择中继算法的中断概率为

$$P_{out} = \left\{ 1 - \frac{P_S \overline{\gamma}_{SR} \cdot \exp\left[-\left(\frac{1}{P_R \overline{\gamma}_{RD}} + \frac{1}{P_S \overline{\gamma}_{SR}}\right) \cdot \gamma_{th}\right]}{P_S \overline{\gamma}_{SR} + P_R \overline{\gamma}_{LI} \gamma_{th}} \right\}^N \tag{7-13}$$

其中,$\overline{\gamma}_{LI}$ 表示残存自干扰与噪声功率比。

文献[27]提出的中继选择算法的信道容量公式可以表示为

$$C = \alpha B E\{\log_2(1 + \gamma_{eq})\} \tag{7-14}$$

其中,α 表示全双工和半双工对应因子(全双工模式下 $\alpha=1$,半双工模式下 $\alpha = \frac{1}{2}$),B 表示信道带宽。文献[27]分别对全双工模式和半双工模式在部分功率受限(Individual Power Constrains, IPC)和总功率受限(Sum Power Constrains,SPC)条件下进行最优功率分配(Optimal Power Allocation,OPA)。

①在 IPC 条件下的 OPA 可以表示为

$$(P_S^*, P_R^*) = \arg \max_{\{P_S, P_R\}} C, \quad 约束条件:0 \leqslant \{P_S, P_R\} \leqslant 1 \tag{7-15}$$

对式(7-15)进行求解,得到源节点和中继节点的最优功率为

$$\begin{cases} \overline{P}_R^* = \min\left\{1, \dfrac{-\overline{\gamma}_{RD} + \sqrt{\overline{\gamma}_{RD}^2 + 4\overline{\gamma}_{LI}\overline{\gamma}_{SR}\overline{\gamma}_{RD}}}{2\overline{\gamma}_{LI}\overline{\gamma}_{RD}}\right\} \\ \overline{P}_S^* = 1 \end{cases} \tag{7-16}$$

②在 SPC 条件下的 OPA 可以表示为

$$\begin{cases} (P_S^*, P_R^*) = \arg\max_{(P_S, P_R)} C \\ \text{约束条件：} \begin{cases} P_S + P_R = 2 \\ \{P_S, P_R\} \geqslant 0 \end{cases} \end{cases} \tag{7-17}$$

对式(7-17)进行求解，得到源节点和中继节点的最优功率为

$$\begin{cases} \bar{P}_R^* = \dfrac{-(\bar{\gamma}_{RD} + \bar{\gamma}_{SR}) + \sqrt{(\bar{\gamma}_{RD} + \bar{\gamma}_{SR})^2 + 8\bar{\gamma}_{SR}\bar{\gamma}_{RD}\bar{\gamma}_{LI}}}{2\bar{\gamma}_{RD}\bar{\gamma}_{LI}} \\ \bar{P}_S^* = 2 - \bar{P}_R^* \end{cases} \tag{7-18}$$

图 7-12 为协作网络在 SPC 和 IPC 条件下 OPA 的中断概率曲线。在 SPC 条件下，源节点具有更大的发送功率，因此它的中断概率性能优于后者。当 S

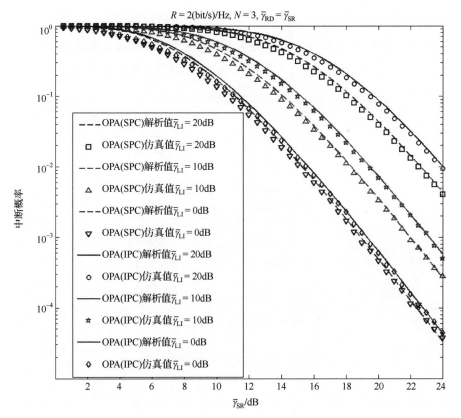

图 7-12　HD 和 FD 中继协作网络的中断概率性能对比图

以最大功率传送数据时，在中继节点接收到的信号强度更大，这使得有用信号和残存自干扰信号更容易分离，因此残存循环自干扰信号可以被更好地估计与抑制，使得全双工中继节点协作网络系统具有更高的频谱效率。

在中继节点个数 N 为 3 的情况下，$\overline{\gamma}_{LI}$ 取不同值时，利用等功率分配（Equal Power Allocation，EPA）方式 FD 中继协作网络与传统的 HD 模式的中继协作网络的平均信道容量对比，如图 7-13 所示。可以看出，当 $\overline{\gamma}_{LI} \leqslant 0\mathrm{dB}$ 时，FD 模式的平均信道容量总是优于 HD 模式。从 HD 模式的曲线与 FD 模式在不同 $\overline{\gamma}_{LI}$ 值情况下曲线的交点位置变化可以看出，当 S→R 与 R→D 链路的 SNR 都增加时，FD 中继协作网络在更大的残存循环自干扰环境下，仍然能得到比 HD 模式更高的平均信道容量。特别地，当满足 $\overline{\gamma}_{LI} = 0\mathrm{dB}$ 和 $\overline{\gamma}_{SR} = \overline{\gamma}_{RD} \in [0\mathrm{dB}, 40\mathrm{dB}]$ 时，FD 方案比 HD 方案提高平均信道容量达 33.1%～87.6%。

在保持 $\overline{\gamma}_{LI} = 5\mathrm{dB}$ 不变的情况下，平均信道容量为关于候选中继节点数量的一个单调递增函数，如图 7-14 所示。当 $\overline{\gamma}_{SR} = \overline{\gamma}_{RD} = 10\mathrm{dB}$，FD 模式在平均信道容量方面比 HD 模式高出 23.5%～34.9%；当链路信噪比增加到 $\overline{\gamma}_{SR} = \overline{\gamma}_{RD} = 15\mathrm{dB}$ 时，利用 FD 模式可以使得信道容量提升达 38.5%～48.8%。

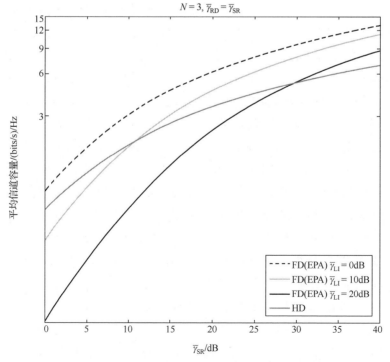

图 7-13　HD 模式和 EPA 方式 FD 模式下的平均信道容量（见彩图）

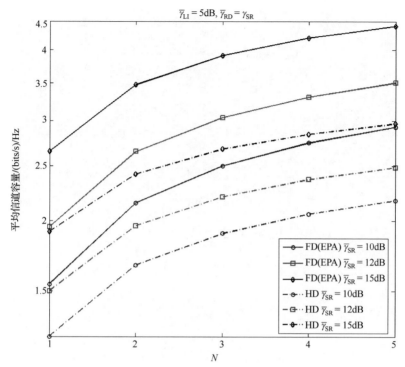

图 7-14　HD 模式和 EPA 方式 FD 模式下的平均信道容量与 N 的关系图

（2）AF 模式中继选择：在多中继协作通信系统中，当源节点与目的节点间的信道受到深度衰落时，可以考虑采用中继转发模式提高数据传输的可靠性。在实际系统中，最优的中继（即该中继与源节点间的信道质量最好）将被选择作为信号的转发设备。当该中继工作于全双工模式时，必须进行自干扰消除以提高信号转发质量。研究结果表明，最优中继选择算法能够有效地优化系统信道容量。同时，次优中继选择算法具有复杂度低、易于操作等特点，将在非理想信道状态下获得较好的性能增益。此外，最优中继选择操作还可以支持全双工-半双工模式切换，根据当前信道状态以及自干扰情况来决定采用哪种双工模式。

文献[33]研究了全双工 AF 协作通信中继选择问题，其系统模型如图 7-15 所示。假设不存在直传链路，每个发射机以固定功率 P 发射信号，信息速率为 R_0。同时假设信道系数 $h_{A,B}$（A→B 链路）在一个时隙中保持不变，在不同时隙服从零均值的循环对称复高斯分布，其中 S→R_i 链路方差为 σ_{SR}^2，R_i→D 链路方差为 σ_{RD}^2，$i=1,\cdots,N$。采用最优放大因子，第 i 条链路的端到端容量表示为

$$C_{R_i}^{FD} = \log_2 \left(1 + \frac{\dfrac{\gamma_{S,R_i}}{\gamma_{R_i}+1}\gamma_{R_i,D}}{\dfrac{\gamma_{S,R_i}}{\gamma_{R_i}+1}+\gamma_{R_i,D}+1} \right) \tag{7-19}$$

其中，$\gamma_{S,R_i} \stackrel{\text{def}}{=\!=} \dfrac{P\left|h_{S,R_i}\right|^2}{\sigma_{SR}^2}$，$\gamma_{R_i,D} \stackrel{\text{def}}{=\!=} \dfrac{P\left|h_{R_i,D}\right|^2}{\sigma_{RD}^2}$ 和 $\gamma_{R_i} \stackrel{\text{def}}{=\!=} \dfrac{P\left|h_{R_i}\right|^2}{\sigma_{RR}^2}$ 分别表示 $S \rightarrow R_i$、$R_i \rightarrow D$ 和 $R_i \rightarrow R_i$。用*表示相应的算法类型，根据中断概率的定义得到

$$P_* = \mathbb{P}\left\{ \log_2 \left(1 + \frac{\dfrac{\gamma_{S,R_k}}{\gamma_{R_k}+1}\gamma_{R_i,D}}{\dfrac{\gamma_{S,R_k}}{\gamma_{R_k}+1}+\gamma_{R_k,D}+1} \right) < R_0 \right\} \tag{7-20}$$

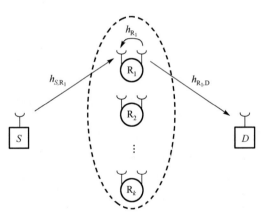

图 7-15　全双工分簇式中继系统模型

文献[33]中描述了最优中继选择（Optimal Relay Selection，OS）、最大-最小中继选择（Max-Min Relay Selection，MM）、自干扰中继选择（Loop Interference Relay Selection，LI）、部分中继选择（Partial Relay Selection，PS）和带混合中继的最优中继选择，下面将对五种中继选择算法的信道容量和中断概率进行介绍。

①最优中继选择算法。

基于式(7-19)，最优中继 R_k 满足如下条件：

$$k = \arg\max_i \{\gamma_i\} \tag{7-21}$$

其中，$\gamma_i \stackrel{\text{def}}{=\!=} \dfrac{\dfrac{\gamma_{\mathrm{S,R}_i}}{\gamma_{\mathrm{R}_i}+1}\gamma_{\mathrm{R}_i,\mathrm{D}}}{\dfrac{\gamma_{\mathrm{S,R}_i}}{\gamma_{\mathrm{R}_i}+1}+\gamma_{\mathrm{R}_i,\mathrm{D}}+1}$。同时，定义 $\lambda_{\mathrm{AB}} \stackrel{\text{def}}{=\!=} \dfrac{1}{P\sigma_{\mathrm{AB}}^2}$，该算法的中断概率可以

表示为

$$P_{\mathrm{OS}}=\mathbb{P}\{\gamma_k<T\}=[F_{\gamma_i}(T)]^N \to \left(\dfrac{\lambda_1}{1+\dfrac{\lambda_{\mathrm{RR}}}{\lambda_{\mathrm{SR}}T}}\right)^N \tag{7-22}$$

其中，$T \stackrel{\text{def}}{=\!=} 2^{R_0-1}$，$F_{\gamma_i}(x)=1-\lambda_{\mathrm{RD}}\mathrm{e}^{-\lambda_{\mathrm{RD}}x}\displaystyle\int_0^\infty \dfrac{\exp\left(-\dfrac{\lambda_{\mathrm{SR}}(x+y+1)x}{y}-\lambda_{\mathrm{RD}}y\right)}{1+\dfrac{\lambda_{\mathrm{SR}}(x+y+1)}{\lambda_{\mathrm{RR}}y}}\mathrm{d}y$，箭头右

边为高 SNR 条件下的中断概率。

②最大-最小中继选择算法。

最大-最小中继选择算法选择最优链路时并不考虑自干扰信号：

$$k=\arg\max_i\{\gamma_{\mathrm{S,R}_i},\gamma_{\mathrm{R}_i,\mathrm{D}}\} \tag{7-23}$$

该算法的中断概率可以表示为

$$
\begin{aligned}
P_{\mathrm{MM}} &=1-\int_0^\infty \tilde{F}_{X_2}\left(\dfrac{(y+T+1)T}{y}\right)f_{\gamma_{\mathrm{R}_k,\mathrm{D}}}(y+T)\mathrm{d}y \\
&\to \dfrac{\lambda_{\mathrm{SR}}}{\lambda_A}\sum_{n=0}^N\binom{N}{n}\dfrac{(-1)^n\lambda_{\mathrm{RR}}}{\lambda_{\mathrm{RR}}+nT\lambda_A}
\end{aligned}
\tag{7-24}
$$

其中，$\tilde{F}_X(\cdot)=1-F_X(\cdot)$，$X_2=\dfrac{\gamma_{\mathrm{S,R}_k}}{\gamma_{\mathrm{R}_k}+1}$，$\lambda_A=\lambda_{\mathrm{SR}}+\lambda_{\mathrm{RD}}$。

③自干扰中继选择算法。

自干扰中继选择算法中选择最小瞬时自干扰：

$$k=\arg\max_i\{\gamma_{\mathrm{R}_i}\} \tag{7-25}$$

该算法的中断概率可以表示为

$$P_{\mathrm{LI}}=1-\lambda_{\mathrm{RD}}N\mathrm{e}^{-\lambda_{\mathrm{RD}}T}\int_0^\infty \dfrac{\mathrm{e}^{\frac{\lambda_{\mathrm{SR}}(y+T+1)T}{y}-\lambda_{\mathrm{RD}}y}}{N+\dfrac{\lambda_{\mathrm{SR}}(y+T+1)T}{\lambda_{\mathrm{RR}}y}}\mathrm{d}y$$

$$\rightarrow \left[\frac{\lambda_{SR}T}{\lambda_{SR}T + \lambda_{RR}}\right]^{N} \tag{7-26}$$

④部分中继选择算法。

部分中继选择算法选取 $S \rightarrow R_i$ 链路中 SINR 最大的中继：

$$k = \arg\max_{i}\left\{\frac{\gamma_{S,R_i}}{\gamma_{R_i} + 1}\right\} \tag{7-27}$$

该算法的中断概率可以表示为

$$P_{PS} = 1 - e^{-\lambda_{SR}T} + \lambda_{RD}e^{-\lambda_{RD}T}\int_{0}^{\infty}\left[1 - \frac{e^{\frac{\lambda_{SR}(y+T+1)T}{y}}}{1 + \frac{\lambda_{SR}(y+T+1)T}{\lambda_{RR}y}}\right]^{N}e^{-\lambda_{RD}y}\mathrm{d}y \tag{7-28}$$

$$\rightarrow \left[\frac{\lambda_{SR}T}{\lambda_{SR}T + \lambda_{RR}}\right]^{N}$$

⑤带混合中继的最优中继选择算法。

半双工中继的瞬时容量可以表示为

$$C_{R_i}^{HD} = \frac{1}{2}\log_2\left(1 + \frac{\gamma_{S,R_i}\gamma_{R_i,D}}{\gamma_{S,R_i} + \gamma_{R_i,D} + 1}\right) \tag{7-29}$$

半双工和全双工的混合中继算法中最优中继的选择需要满足

$$\begin{aligned}k &= \arg\max_{i}\max\{C_{R_i}^{HD}, C_{R_i}^{FD}\}\\ &= \arg\max_{i}\max\left\{\sqrt{1 + \frac{\gamma_{S,R_i}\gamma_{R_i,D}}{\gamma_{S,R_i} + \gamma_{R_i,D} + 1}}, 1 + \gamma_i\right\}\end{aligned} \tag{7-30}$$

图 7-16 为 $N = 4$，$R_0 = 2$ BPCU，$\sigma_{SR}^2 = \sigma_{RD}^2 = 1$ 以及 $\sigma_{RR}^2 = 0.1$ 条件下不同算法的中断概率仿真图。可以看出在全双工方案中 OS 算法中断概率最低，PS 算法性能仅次于 OS 算法，且随着发射功率的增加二者均收敛到最低的错误平层。从式(7-22)可以看出 OS 算法在高信噪比区域的容量由 $\frac{\lambda_{SR}}{\lambda_{RR} + 1}$ 的值决定，因此与 PS 算法的错误平层一致。在自干扰信号较弱时，LI 算法的中断概率性能最差。MM 算法没有考虑自干扰信号的影响，在自干扰信号较弱时与 LI 算法性能相近。然而，由于 HS 算法克服了零分集的问题，其中断概率性能优于上述四种仅考虑全双工通信的算法。

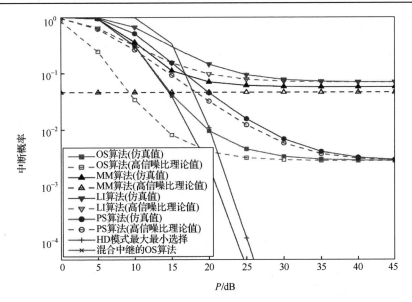

图 7-16　不同算法的中断概率对比图

7.3　认知网络全双工中继选择

利用协作通信可以提高系统分集增益。全双工中继模式的引入，一方面，数据收发占用同一个信道资源块，在多跳通信机制中相比半双工模式降低了信道资源消耗，提高了系统容量，同时减少了多跳通信的端对端时延；另一方面，在认知网络环境中，全双工中继用户可以在转发数据的同时感知主用户频谱资源占用状态，实现频谱资源占用状态的快速检测和即时停止转发。

根据文献[34]，在小尺度块平坦衰落特性的认知网络环境中，选择最优的中继节点转发数据，必须满足两个条件：①将主用户的干扰限制在允许范围之内；②尽可能提高系统容量，保障次级用户通信质量。

在如图 7-17 所示的衬底式（Underlay Cognitive）认知网络中，主用户通过次级用户与主用户之间（S→P）以及中继节点与主用户之间（R_i→P）链路接收到的干扰强度为

$$\mathcal{I}_{R_i,P} = P_S \cdot \left| h_{SP} \right|^2 + P_R \cdot \left| h_{R_i,P} \right|^2 \tag{7-31}$$

其中，P_S 表示次级用户信号功率，P_R 表示中继节点发送信号功率强度；h_{SP} 表示 $S \rightarrow P$ 链路信道增益系数，h_{SP} 表示 $R_i \rightarrow P$ 链路信道增益系数。

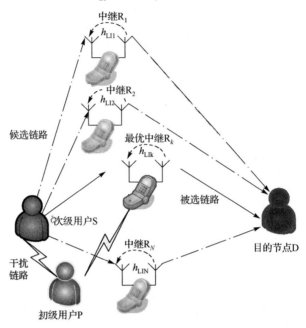

中继 R_1
h_{LI1}
中继 R_2
h_{LI2}
候选链路
最优中继 R_k
h_{LIk}
被选链路
次级用户S
目的节点D
干扰链路
中继 R_N
h_{LIN}
初级用户P

图 7-17　衬底式认知中继选择网络协作通信模型

在具有 N 个中继节点的认知协作网络中，接入中继 R_i 必须满足条件①，即以集合形式表示为

$$\Omega = \{R_i \mid \mathcal{I}_{R_i,P} \leqslant \lambda, i = 1, 2, \cdots, N\} \qquad (7\text{-}32)$$

其中，λ 为主用户允许的最大干扰界限。满足式 (7-32) 的中继节点集合为随机集合，满足条件的元素基数服从二项分布，可以表示为随机变量 L，且 $L=l$ 的概率为

$$\Pr\{L = l\} = \binom{N}{l} P_\lambda^l \overline{P}_\lambda^{N-l} \qquad (7\text{-}33)$$

其中，P_λ 等于主用户接收干扰强度 $\mathcal{I}_{R_i,P}$ 的累积分布函数（R_i 满足条件①的概率为该链路对主用户干扰小于门限值的概率），即 $P_\lambda = F_{\mathcal{I}_{R_i,P}}(\lambda)$；$\overline{P}_\lambda$ 等于干扰强度的累积分布互补函数，即为不满足条件①的概率，可以表示为 $\overline{P}_\lambda = 1 - F_{\mathcal{I}_{R_i,P}}(\lambda)$。

在双跳中继链路中，最优接入中继 R_k 必须满足条件②，表示为

$$k = \arg \max_{i:R_i \in \Omega} \min \{\gamma_{R_i}, \gamma_{R_i,D}\} \tag{7-34}$$

其中，γ_{R_i} 表示满足条件①的第 i 个中继节点接收到的等效信噪比：

$$\gamma_{R_i} = \frac{\gamma_{SR_i}}{\gamma_{LI} + 1} \tag{7-35}$$

γ_{SR_i} 是通过 $S \to R_i$ 链路接收到的信噪比，γ_{LI} 为残存自干扰功率与链路加性高斯白噪声功率的比值；$\gamma_{R_i,D}$ 为通过 $R_i \to D$ 链路接收到的信噪比。

基于式(7-33)所示的中继选择算法，目的节点 D 的等价接收信干噪比可以表示为

$$\gamma_{eq} = \max_{R_k \in \Omega} (\min(\gamma_{R_k}, \gamma_{R_k,D})) \tag{7-36}$$

文献[34]分别针对 Nakagami-m 和瑞利衰落模型开展性能分析。

1. Nakagami-m 衰落

(1) 主干扰强度统计分析。

由文献[34]可以得出

$$\begin{aligned}
F_{\mathcal{I}_{R_i,P}}(\lambda) = & \frac{\alpha_{SP}^{m_{SP}} \alpha_{RP}^{m_{RP}}}{\Gamma(m_{SP})\Gamma(m_{RP})} \sum_{k=0}^{m_{SP}-1} \binom{m_{SP}-1}{k} \frac{(-1)^k (k+m_{RP}-1)!}{(\alpha_{RP} - \alpha_{SP})^{k+m_{RP}}} \\
& \times \left(\gamma(m_{SP} - k, \alpha_{SP}\lambda)\alpha_{SP}^{k-m_{SP}} - \sum_{n=0}^{k+m_{RP}-1} \frac{\alpha_{RP}^{k-n-m_{SP}}}{n!} \right. \\
& \left. \times \gamma(n + m_{SP} - k, \alpha_{RP}\lambda)(\alpha_{RP} - \alpha_{SP})^n \right)
\end{aligned} \tag{7-37}$$

其中，$\alpha_{SP} = \dfrac{m_{SP}}{P_S \sigma_{SP}^2}, \alpha_{RP} = \dfrac{m_{RP}}{P_R \sigma_{RP}^2}$，且 σ_{SP}^2 和 σ_{RP}^2 分别表示对应 $S \to P$ 和 $R \to P$ 链路信道功率；m_{SP} 和 m_{RP} 分别表示对应 $S \to P$ 和 $R \to P$ 链路衰减程度参数 m。$\Gamma(\cdot)$ 表示伽马函数，$\gamma(\cdot, \cdot)$ 表示下界不完全伽马函数。

(2) 中继选择链路统计特性。

①若 $L = l (l \neq 0)$ 时，根据式(7-34)的中继选择算法可以得出等价接收信干噪比的条件累积概率密度函数

$$F_{\gamma_{eq}|L}(\gamma|l) = [\mathcal{G}(\gamma)]^l \tag{7-38}$$

其中

$$\mathcal{G}(\gamma) = 1 - \frac{\beta_{\mathrm{LI}}^{m_{\mathrm{LI}}} e^{-\beta_{\mathrm{SR}}\gamma}}{\Gamma(m_{\mathrm{LI}})} \sum_{n=0}^{m_{\mathrm{SR}}-1} \frac{(\beta_{\mathrm{SR}}\gamma)^n}{n!} \sum_{k=0}^{n} \binom{n}{k}(k+m_{\mathrm{LI}}-1)!(\beta_{\mathrm{LI}}+\beta_{\mathrm{SR}}\gamma)^{-k-m_{\mathrm{LI}}} \left[1 - \frac{\gamma(m_{\mathrm{RD}},\beta_{\mathrm{RD}}\gamma)}{\Gamma(m_{\mathrm{RD}})} \right]$$

$$(7\text{-}39)$$

且 $\beta_{\mathrm{SR}} = \dfrac{m_{\mathrm{SR}}}{\overline{\gamma}_{\mathrm{SR}}}, \beta_{\mathrm{RD}} = \dfrac{m_{\mathrm{RD}}}{\overline{\gamma}_{\mathrm{RD}}}, \beta_{\mathrm{LI}} = \dfrac{m_{\mathrm{LI}}}{\overline{\gamma}_{\mathrm{LI}}}$; m_{SR}、m_{RD} 和 m_{LI} 分别表示 S→R 、R→D 和残存自干扰链路的衰减程度参数 m；$\overline{\gamma}_{\mathrm{SR}}$ 与 $\overline{\gamma}_{\mathrm{RD}}$ 分别表示 S→R 和 R→D 信道链路平均信噪比，$\overline{\gamma}_{\mathrm{LI}}$ 表示残存干扰方差噪声比值。

联合式（7-34）和式（7-38），得出联合累积分布函数为

$$F_{\gamma_{\mathrm{eq}},L}(\gamma,l) = \sum_{l=1}^{N} \binom{N}{l} P_{\lambda}^{l} \overline{P}_{\lambda}^{N-l} [\mathcal{G}(\gamma)]^{l} \tag{7-40}$$

②若任何中继节点都不能满足主用户的干扰温度门限，则有 $\Pr(L=0) = \overline{P}_{\lambda}^{N}$。联合概率密度函数和联合累积分布函数分别为

$$\Pr(\gamma_{\mathrm{eq}}, L=0) = \begin{cases} \overline{P}_{\lambda}^{N}, & \gamma_{\mathrm{eq}} = 0 \\ 0, & \gamma_{\mathrm{eq}} \neq 0 \end{cases} \tag{7-41}$$

和

$$F_{\gamma_{\mathrm{eq}},L}(\gamma, L=0) = \overline{P}_{\lambda}^{N}, \quad \gamma \geqslant 0 \tag{7-42}$$

综上所述，结合式（7-40）和式（7-42）可以得到等价接收信干噪比的累积概率密度函数为

$$\begin{aligned} F_{\gamma_{\mathrm{eq}}}(\gamma) &= \sum_{l=1}^{N} \binom{N}{l} P_{\lambda}^{l} \overline{P}_{\lambda}^{N-l} [\mathcal{G}(\gamma)]^{l} + \overline{P}_{\lambda}^{N} \\ &= (P_{\lambda} \cdot \mathcal{G}(\gamma) + \overline{P}_{\lambda})^{N}, \quad \gamma \geqslant 0 \end{aligned} \tag{7-43}$$

将 $\gamma = \gamma_T$（γ_T 表示中断概率门限值）代入式（7-43）可以得到 Nakagami-m 衰落模型的中断概率函数。

如图 7-18 所示，各中继链路服从独立同分布，且假设 S→R 和 R→D 链路平均信噪比相等，R→P 链路干扰功率强度为 R→D 链路信号功率强度的 0.15 倍，S→P 链路干扰功率强度为 S→R 链路信号功率强度的 0.1 倍；中继节点经过自干扰消除后的残存自干扰功率与噪声比值为 5dB；主用户干扰界限为 10；认知协作网络系统中的中继节点数 N=4。曲线曲率差异表明系统的分集度受衰落程度参数 m 影响，尤其受 m_{SR} 影响最为明显。在此仿真参数条

件下，认知协作网络通信系统选择单跳平均信噪比处于 $(10\text{dB},15\text{dB})$ 的中继链路时所得到的系统中断概率最低。当 $(m_{\text{SP}},m_{\text{RP}},m_{\text{SR}},m_{\text{RD}},m_{\text{LI}})=(1,1,1,1,1)$ 时所得到的中断概率与瑞利衰落场景曲线一致。

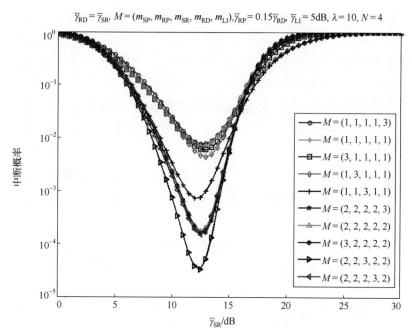

$$\bar{\gamma}_{\text{RD}} = \bar{\gamma}_{\text{SR}},\ M = (m_{\text{SP}}, m_{\text{RP}}, m_{\text{SR}}, m_{\text{RD}}, m_{\text{LI}}), \bar{\gamma}_{\text{RP}} = 0.15\bar{\gamma}_{\text{RD}},\ \bar{\gamma}_{\text{LI}} = 5\text{dB},\ \lambda = 10,\ N = 4$$

图 7-18　Nakagami-m 信道中断概率曲线

2. 瑞利衰落

(1) 主用户干扰强度统计分析。

当 Nakagami-m 衰落参数 m 等于 1 时，信道退化为瑞利衰落。因此，将 $(m_{\text{SP}},m_{\text{RP}})=(1,1)$ 代入式 (7-37) 可以得出瑞利衰落信道环境下主用户接收到的干扰强度累积分布函数

$$Q(\lambda) = 1 - \frac{1}{P_{\text{R}} \cdot \sigma_{\text{RP}}^2 - P_{\text{S}} \cdot \sigma_{\text{SP}}^2} \cdot \left[P_{\text{R}} \cdot \sigma_{\text{RP}}^2 \cdot \text{e}^{\frac{\lambda}{P_{\text{R}} \cdot \sigma_{\text{RP}}^2}} - P_{\text{S}} \cdot \sigma_{\text{SP}}^2 \cdot \text{e}^{\frac{\lambda}{P_{\text{S}} \cdot \sigma_{\text{SP}}^2}} \right] \quad (7\text{-}44)$$

(2) 中继选择链路统计特性。

若满足 $(m_{\text{SP}},m_{\text{RP}},m_{\text{SR}},m_{\text{RD}},m_{\text{LI}})=(1,1,1,1,1)$，将其代入式 (7-43) 可得到瑞利衰落场景下的累积概率分布函数

$$F_{\gamma_{\text{eq}}}(\gamma) = \left(Q(\lambda) \cdot \mathcal{D}(\gamma) + (1 - Q(\lambda)) \right)^N \quad (7\text{-}45)$$

其中，$\mathcal{D}(\gamma)=1-\dfrac{\overline{\gamma}_{SR}}{\overline{\gamma}_{SR}+\overline{\gamma}_{LI}\cdot\gamma}\cdot\exp\left[-\left(\dfrac{1}{\overline{\gamma}_{RD}}+\dfrac{1}{\overline{\gamma}_{SR}}\right)\cdot\gamma\right]$。

同理，当 γ 等于中断概率门限值 γ_T 时，式(7-45)表示瑞利衰落场景的中断概率函数。

图 7-19～图 7-21 为瑞利衰落信道模型中断概率曲线图。图 7-19 表明利用本节阐述的中继选择算法，通过增加全双工中继节点数可以提高认知网络协作通信系统的分集度。随着中继节点数量增多，既能满足主用户干扰条件限制，又能提高系统吞吐量的信道选择概率。然而，在图中所示参数条件下，当链路信噪比超过 12.5dB 时，进一步增加链路平均信噪比无助于改善中断概率性能。原因在于当链路平均信噪比增加时，次级用户传输信道质量改善的同时加剧了对主用户的干扰，从而使得中继链路满足式(7-32)的概率降低。尤其是当链路质量足够好时，上述操作甚至会导致所有中继均不能满足式(7-32)。

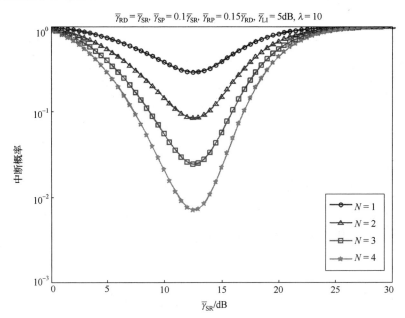

图 7-19　不同中继节点数情况下，瑞利信道中断概率曲线图

图 7-20 为不同 λ 对中断概率的影响。增加 λ 时，局部最优点相应右移，这是因为当满足式(7-32)的中继节点数增加时，更多的中继节点可以成为候选的最佳中继节点，从而保障次级用户的服务质量。因此，增加 λ 可以增大链路信噪比的工作区域。

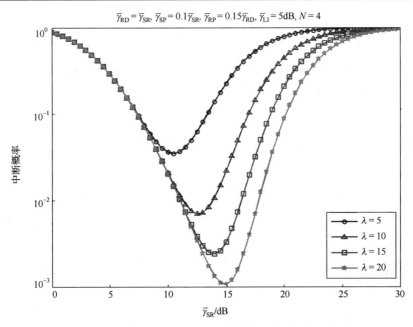

图 7-20　不同 λ 情况下，瑞利信道中断概率曲线图

图 7-21 阐述了不同 $\overline{\gamma}_{\text{LI}}$ 对中断概率特性的影响，展示了当利用干扰消除措施（如被动抑制、主动模拟和数字消除等）消除残存自干扰时，在 $\overline{\gamma}_{\text{LI}} = 0$ 条件

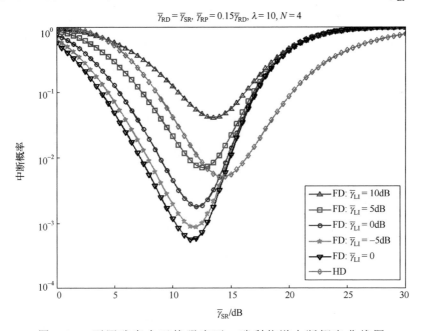

图 7-21　不同残存自干扰强度下，瑞利信道中断概率曲线图

下所对应的曲线。当 $\bar{\gamma}_{\mathrm{LI}}>0$ 时，仿真结果表示存在残存自干扰情况下的性能曲线。半双工模式与全双工模式相比，由于前者采用两个时隙传播数据，主用户的干扰得到抑制，因此当 $\bar{\gamma}_{\mathrm{SR}}>15\,\mathrm{dB}$ 时，认知协作网络中采用半双工中继模式所获得的性能优于全双工中继模式。

7.4　多中继协作网络最优中断概率下的功率分配

有效的功率分配方案有利于提高系统性能。文献[35]对全双工中继节点进行功率分配，从而优化中断概率。根据式(7-13)，最优中断概率所对应的功率分配方案为

$$(P_{\mathrm{S}}^{*},P_{\mathrm{R}}^{*})=\arg\min_{(P_{\mathrm{S}},P_{\mathrm{R}})}P_{\mathrm{out}} \tag{7-46}$$

式(7-46)等价于

$$(P_{\mathrm{S}}^{*},P_{\mathrm{R}}^{*})=\arg\max_{(P_{\mathrm{S}},P_{\mathrm{R}})}f(P_{\mathrm{S}},P_{\mathrm{R}}) \tag{7-47}$$

其中，$f(P_{\mathrm{S}},P_{\mathrm{R}})=\dfrac{1}{1+a\dfrac{P_{\mathrm{R}}}{P_{\mathrm{S}}}}\exp\left\{-\left(\dfrac{b}{P_{\mathrm{R}}}+\dfrac{c}{P_{\mathrm{S}}}\right)\right\}$，且 $a=\dfrac{\gamma_{\mathrm{th}}\bar{\gamma}_{\mathrm{LI}}}{\bar{\gamma}_{\mathrm{SR}}}$，$b=\dfrac{\gamma_{\mathrm{th}}}{\bar{\gamma}_{\mathrm{RD}}}$，$c=\dfrac{\gamma_{\mathrm{th}}}{\bar{\gamma}_{\mathrm{SR}}}$。

面向功率受限节点，分别针对部分功率受限和总功率受限条件展开优化。

(1)部分功率受限(Individual Power Constraints，IPC)。

假设节点最大发射功率为单位 1，那么中断概率最优功率分配方案为

$$(P_{\mathrm{S}}^{*},P_{\mathrm{R}}^{*})=\arg\max_{(P_{\mathrm{S}},P_{\mathrm{R}})}f(P_{\mathrm{S}},P_{\mathrm{R}})$$
$$\text{功率约束条件：} 0\leqslant\{P_{\mathrm{S}},P_{\mathrm{R}}\}\leqslant1 \tag{7-48}$$

利用拉格朗日乘数法，对式(7-48)进行求解可得最优功率分配闭式表达式为

$$\begin{cases} P_{\mathrm{R}}^{*}=\min\left\{1,\dfrac{ab+\sqrt{(ab)^{2}+4ab}}{2a}\right\} \\ P_{\mathrm{S}}^{*}=1 \end{cases} \tag{7-49}$$

图 7-22 显示，全双工中继选择系统分集度取决于备选中继节点数。在图

中所示的仿真环境下，假设中继链路服从独立同分布，且中继节点两端平均信噪比相等，发送数据速率为 2(bit/s)/Hz，残存自干扰与噪声功率比值为10dB，采用部分功率受限中断概率最优功率分配方案，相比于等功率分配方案可以获得 2dB 以上的增益。

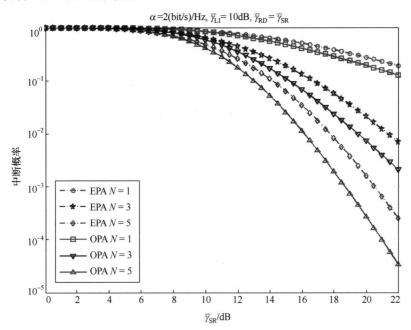

图 7-22　全双工中继选择系统中部分功率受限下最优功率分配与
等功率分配中断概率对比图

(2) 总功率受限(Sum Power Constraints，SPC)。

假设源节点和中继节点总发送功率为单位 2，在总消耗功率限定条件下进行功率分配，节点功率分配方案可以表示为

$$(P_S^*, P_R^*) = \arg \max_{(P_S, P_R)} f(P_S, P_R)$$

$$\text{功率约束条件：} \begin{cases} P_S + P_R = 2 \\ \{P_S, P_R\} \geqslant 0 \end{cases} \tag{7-50}$$

式(7-50)等价于

$$\begin{cases} \zeta P_R^3 - \eta P_R^2 - \varepsilon P_R + 8b = 0 \\ P_S = 2 - P_R \\ \{P_S, P_R\} \geqslant 0 \end{cases} \tag{7-51}$$

其中，$\zeta = 2a - b + c + ab - ac$，$\eta = 4a - 6b + 2c + 4ab$，$\varepsilon = 12b - 4ab$。

求解式 (7-51) 中的一元三次方程，得到 P_R 的根分别为

$$
\begin{cases}
\omega_1 = \dfrac{\eta}{3\zeta} + \kappa + \dfrac{\xi}{\kappa} \\[2ex]
\omega_2 = \dfrac{\eta}{3\zeta} - \dfrac{1 - \sqrt[3]{3}\jmath}{2}\kappa - \dfrac{1 + \sqrt{3}\jmath}{2}\dfrac{\xi}{\kappa} \\[2ex]
\omega_3 = \dfrac{\eta}{3\zeta} - \dfrac{1 + \sqrt[3]{3}\jmath}{2}\kappa - \dfrac{1 - \sqrt{3}\jmath}{2}\dfrac{\xi}{\kappa}
\end{cases}
\tag{7-52}
$$

其中，$\kappa = \sqrt[3]{(\mathcal{H}^2 - \xi^3)^{1/2} + \mathcal{H}}$，$\mathcal{H} = \dfrac{\eta^3}{27\zeta^3} - \dfrac{4b}{\zeta} + \dfrac{\varepsilon\eta}{6\zeta^2}$，$\xi = \dfrac{\eta^2}{9\zeta^2} + \dfrac{\varepsilon}{3\zeta}$。

因此，当 $\exists 0 \leqslant \omega_i \leqslant 2, i \in \{1,2,3\}$ 时，最优功率分配方案为

$$
\begin{cases}
P_R^* = \omega_i \\
P_S^* = 2 - P_R^*
\end{cases}
\tag{7-53}
$$

图 7-23 显示当中继节点数固定时，在不同的 $\overline{\gamma}_{LI}$ 条件下，曲线的斜率不变，这表明系统的分集度与自干扰链路无关。当 $\overline{\gamma}_{LI} < 10\ \text{dB}$ 时，中继利用全双工模式获得的中断概率性能总是优于半双工模式。然而，当残存自干扰被抑制在

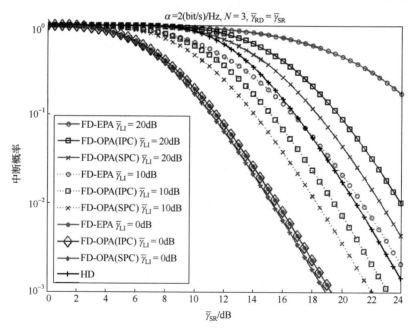

图 7-23　不同残存自干扰条件下，中断概率曲线图

噪声功率范围内时，无论是在部分功率受限约束下还是在总功率受限约束下得到的最优中断概率功率分配方案，总是可以获得比半双工模式高出 4dB 的增益。

7.5　动态资源分配

为了满足用户不同的 QoS 需求，必须建立合理的动态资源和功率分配机制。然而，全双工系统的信道干扰环境比半双工模式更加复杂，相关设备承受严重的自干扰信号。因此，动态资源分配尤其是功率分配将在全双工通信系统中发挥重要作用，优化功率分配将有助于降低自干扰信号。本节将对全双工中继系统中资源和功率分配算法进行讨论。

（1）最优功率分配：这类算法的原则是分配尽可能小的功率，使得所分配的功率刚好能够满足用户的 SINR 需求。全双工系统中自干扰信号导致整个系统性能不稳定，因此最优功率分配算法将优化全双工中继节点的 SINR。这类算法对 AF 模式尤其重要，因为 AF 中继的噪声放大作用在一定程度上降低了中继节点的 SINR。

文献[2]通过对全双工多用户接入系统信道容量进行分析，在最优功率分配的原则下将非凸优化问题转化为凸优化问题，从而可以获得功率分配的闭式解。此外，在蜂窝协作通信系统中，面向多个全双工 AF 节点的场景，当一个源节点进行功率优化时，可以将其他源节点的信号视为干扰，持续上述操作，直到所有节点都获得最优的稳定功率分配[8]。

此外，在认知无线电环境中，主用户受到次级用户以及中继的干扰，需对次级用户和中继的发射功率进行优化来提高系统性能 [21]。最优功率分配方案满足

$$\frac{g_{SR}P_S}{\sigma_R^2 + a_{RR}P_R} = \frac{g_{RD}P_R}{\sigma_D^2 + a_{SD}P_S}, \quad \text{约束条件：} \ b_{SP}P_S + b_{RP}P_R \leqslant I_{th} \tag{7-54}$$

其中，P_S 和 P_R 分别表示次级用户和中继的发射功率，g_{SR}、g_{RD}、a_{SD}、b_{SP} 和 b_{RP} 分别表示 S→R、R→D、S→D、S→P 和 R→P 的信道增益，a_{RR} 表示中继的自干扰信道增益，σ_R^2 和 σ_D^2 分别表示中继和目的端的噪声方差，I_{th} 表示主用户干扰的预设门限。

考虑到非理想信道状态信息的影响，若忽略主用户和次级用户链路的瞬

时 CSI，则可以采用中断概率受限的功率分配策略进行最优功率分配。在主用户的最大可忍受中断范围内，次级用户可以共享主用户的频谱[18]。研究表明，认知用户采用最优功率分配，可获得的数据吞吐量高于采用等功率分配策略的用户。

(2)天线资源共享：相比传统的正交资源分配机制，采用资源共享与干扰消除技术的全双工设备能够更好地利用系统资源，包括天线资源[32]。在 MIMO 系统中，天线资源可以用于数据的高效传输与接收。新的预编码与解码技术能够更有效地提高全双工 MIMO 系统的信道容量，并有助于消除自干扰信号。此外，选择天线分集技术还能够将全双工设备的功率效率提高 3dB。

(3)动态频谱资源分配：在全双工 OFDMA 系统中，资源优化问题可以被分解为资源分配与调度[14]。考虑到多载波系统中资源优化的多维度本质，上述优化过程主要包括功率分配与子载波分配。其中，推导出最优功率分配闭式解至关重要。在蜂窝移动通信系统中，基站系统借助其强大的运算能力进行最优算法运行，而中继节点则主要依靠本地化参数解决动态资源分配的次优化问题。研究结果表明，在中、低自干扰功率的环境下，如果中继节点传输功率较低，则 AF 模式的性能明显优于 DF 模式。随着自干扰功率的增加，DF 模式将逐渐获得性能优势。此外，预编码与解码矩阵的对角化也在动态资源分配技术中发挥重要作用，有助于将复杂的多维优化问题分解为简单的多个标量优化问题。再者，动态资源分配策略在混合双工模式中发挥了重要作用，选择何种双工模式取决于系统自干扰消除能力。当自干扰消除能力较强时，通信节点优先选择全双工模式以提高系统频谱效率，相应的动态资源分配策略必须充分考虑全双工通信的特点，从而充分发挥其技术优势。

(4)混合双工资源分配：在无线半/全双工中继网络中，为了支持所需的 QoS，文献[23]提出一种最优资源分配方案。在实际系统中，全双工模式是否具有优势取决于控制参数——自干扰消除系数的值。如果消除系数的值高于预设门限值，则实际系统采用全双工模式以获得更高的容量，否则采用半双工模式。动态混合资源分配策略适用于无线中继网络中不同 QoS 需求，在半双工和全双工方式中无论是采取 AF 模式还是 DF 模式均可以利用该方法获得最大化的网络吞吐量。同时，文献[23]表明采用混合双工传输模式比单独采用某种双工方式的系统性能更好。此外，在理想情况下，采用最优资源分配方式的全双工模式所获得的容量是半双工模式容量的两倍。

7.6　全双工多用户 MIMO 中继

在全双工多用户 MIMO 系统中，基站同时为用户和中继服务，全双工中继节点可以帮助基站信号覆盖范围外的用户传输数据[11]。在此环境下，全双工多用户 MIMO 中继节点采用分布式波束赋形，提高用户的 SINR。基站可以借助 ZF 波束赋形技术进行多用户 MIMO(MU-MIMO)传输[36]。其中，在偶对称互易 MIMO 网络中，每个节点使用自身的上行传输波束赋形矢量作为下行接收合并矢量[37]。如果将上下行的波束赋形阵列权重分别进行优化，则可以进一步提升系统增益。文献[36]研究表明，当自干扰信号强度被控制在可承受范围内时，采用分布式波束赋形的全双工中继节点可以显著提高系统性能，相对于半双工中继节点，全双工信道容量更高。

文献[38]面向多用户快衰落 MIMO 无线网络提出一种上行协作传输策略，并采用一种新的算法实现吞吐量最大化。系统模型包括多 MIMO 用户 T_i ($i=1,\cdots,K$)、一个 MIMO 中继 R 和一个 MIMO 目的节点 D，同时考虑直传链路。假设当 SINR 高于预设门限 β 时，目的端便可以恢复接收信号。中继节点收集直传链路中丢失的数据包并转发给目的端以提高吞吐量。

图 7-24 所示为一个全双工协作帧的传输周期，一个周期中包含 N_b 个基准帧(Baseline Frame，BF)和 N_c 个协作帧(Cooperative Frame，CF)，每个 BF 有 M_1 个时隙，每个 CF 有 M_2 个时隙。在 BF 中只允许用户发送数据，在 CF 中则允许被调度的中继发送数据。在一个 CF 中有 $M_2=Q_1+Q_2$ 个时隙，其中，Q_1 表示仅有用户发送数据时的时隙数，Q_2 表示用户和中继同时发送数据时的时隙数。全双工中继在一个周期内所有时隙均接收数据包，然而仅在 Q_2 个时隙中发送数据。用 E_b 表示 BF 中进入中继的包数，用 E_c 表示 CF 中进入中继的包数。假设进入和离开中继的包数是相等的，则有

$$N_b E_b + N_c E_c = N_c Q_2 \tag{7-55}$$

一个周期中 CF 所占的比例为

$$\eta = \frac{N_c}{N_b + N_c} = \frac{E_b}{Q_2 - E_c + E_b} \tag{7-56}$$

一个周期中总的吞吐量为

$$S_p = (1-\eta)N_p S_b + \eta N_p S_c \qquad (7\text{-}57)$$

其中，S_b 和 S_c 分别表示基准帧和协作帧的总吞吐量。中继被调度时 E_b、E_c、Q_2、S_b 和 S_c 均已知，η 可以被计算出来。假设 $N_p = N_b + N_c$，进而计算出 N_b 和 N_c。一个时隙的平均吞吐量可以表示为 $S_{avg} = \dfrac{S_p}{N_p}$。

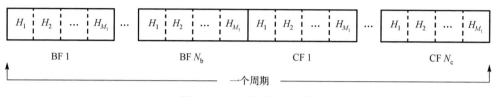

图 7-24　一个传输周期

为了简化计算，仿真时假设用户、中继和终端的天线数相等，均为 N。图 7-25 所示为 $N=2$ 条件下，不同预设门限 β 对全双工协作模式和半双工协作模式吞吐量的影响。从图中可以看出，β 相同时全双工协作模式的吞吐量性能优于半双工协作模式。

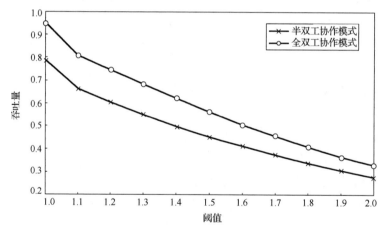

图 7-25　不同预设门限 β 下，半双工和全双工协作模式的吞吐量对比

7.7　混合双工中继技术

在实际系统中无线环境十分复杂，全双工模式并非总是优于半双工模式，因此，混合全双工/半双工模式得到广泛关注，可望有效地提升整个系统的信道容量。

(1)混合双工模式下的用户调度[16]。时域混合双工调度协议能有效地提高混合双工系统性能，如图 7-26 所示，其中，前三个时隙考虑半双工协议，后两个时隙考虑全双工协议。当系统中存在多个目的节点时，混合双工模式下的用户调度协议能够很好地保障用户间的公平性，同时确保用户总的传输速率最大化。相对于传统的等机会调度策略，混合双工调度协议能够在获得最大总传输速率的同时避免损害用户间公平性。

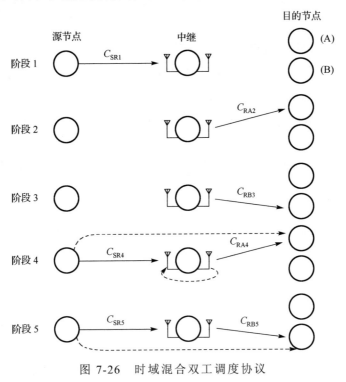

图 7-26　时域混合双工调度协议

(2)机会混合双工模式[17]。考虑到全双工通信系统中广泛存在的频谱效率与自干扰抑制能力之间的制约因素，机会混合双工模式能够有效地提高系统资源利用率。该模式中，当信道情况趋向于采取某种双工模式时，系统资源将优先分配给该模式；当信道情况发生转变时，该机会混合双工模式能够在两种双工模式间自适应切换，从而在全双工与半双工模式间达到一种动态平衡，以此优化整个网络的频谱效率。

(3)认知无线电环境下的混合双工模式[39]。混合双工模式无论在基于蜂窝移动通信系统的认知环境还是基于 Ad Hoc 的认知环境中都能够显著提高系统性能。该模式要求认知用户配置多个天线来支撑其全双工通信能力。无须改变射频链路，采用该混合双工模式的用户即可获得三倍于半双工模式认知用户的数据速率。考虑 AF 认知中继节点，当其传输功率为 25dBm 时，混合双工模式能够达到低于 40%的中断概率，这一性能远远高出半双工模式所能达到的性能。

7.8　实际系统设计与实现方面的不足

尽管目前国内外研究机构已经搭建了多个全双工实验平台，然而现有系统设计仍然存在诸多不足，相关研究亟须取得进一步突破。

(1)硬件性能受限。现有研究结果表明，在全双工系统设计过程中，相关硬件设备的局限性(传输、接收设备量化噪声、器件非线性特征、IQ 不匹配等)在一定程度上限制了全双工模式性能增益的获取。尽管理论上证明了自干扰信号能够借助于信道估计手段加以消除，然而信道估计算法总会存在一定的误差，这就导致了数字域自干扰消除的非理想性。

(2)硬件复杂度受限。现有的空间自干扰消除技术依赖于 MIMO 设备信道矩阵的计算效率，高维度天线向量往往导致矩阵计算复杂度的急剧增加。如何降低全双工系统核心模块(即自干扰消除)的计算复杂度将是实现高性能全双工通信的关键。尽管学术界和工业界已经提出了一些低复杂度的算法(如 BD 算法、矩阵对角化等)，但上述算法均需在复杂度与自干扰消除能力之间取得一个折中，低复杂度、高性能的软、硬件设计有待进一步研究。

(3)接收机合并算法设计的局限性。除了受自干扰信号以及硬件设备的影响外，全双工通信的另一个局限性来自接收机合并算法的限制。在全双工通信系统中，如果数据源与中继节点不能实现理想的向量同步，则上述合并算法难以实现。这一局限性对接收机硬件系统设计提出了新的挑战。

7.9　小　　结

本章介绍了在网络编码、中继选择、资源分配、MIMO 中继和混合双工方面的全双工算法设计，相关研究均在一定程度上验证了全双工模式的有效性与可行性。其中，针对全双工系统设计的新型网络编码，有助于充分挖掘全双工系统的性能增益。由于全双工系统的信道干扰环境比半双工模式更加复杂，为了降低自干扰信号的影响，本章介绍了多种全双工动态资源分配算法。多用户 MIMO 技术可以通过全双工中继节点为基站信号覆盖范围外的用户传输数据。在实际场景下，混合全双工/半双工模式可以有效地提升整个系统的信道容量。

参 考 文 献

[1]　Yates R D. A framework for uplink power control in cellular radio systems. IEEE Journal on Selected Areas in Communications, 1995, 13(7): 1341-1347.

[2]　Mesbah W, Davidson T N. Optimal power allocation for full-duplex cooperative multiple access//IEEE International Conference on Acoustics Speech and Signal Processing, Toulouse, 2006.

[3]　Dana A F, Hassibi B. On the power efficiency of sensory and Ad Hoc wireless networks. IEEE Transactions on Information Theory, 2006, 52(7): 2890-2914.

[4]　Shibuya K. Broadcast-wave relay technology for digital terrestrial television broadcasting. Proceedings of the IEEE, 2006, 94(1): 269-273.

[5]　Riihonen T, Werner S, Cousseau J E, et al. Design of co-phasing allpass filters for full-duplex OFDM relays//The 42nd Asilomar Conference on Signals, Systems and Computers, Pacific Grove, 2008.

[6]　Choi S, Park J H, Park D J. Randomized cyclic delay code for cooperative communication systems. IEEE Communications Letters, 2008, 12(4): 271-273.

[7]　Riihonen T, Werner S, Wichman R. Optimized gain control for single-frequency relaying with loop interference. IEEE Transactions on Wireless Communications, 2009, 8(6): 2801-2806.

[8]　Song Y K, Kim D. Convergence of distributed power control with full-duplex amplify-and-forward relays//The International Conference on Wireless Communications and Signal Processing, Nanjing, 2009.

[9]　Rong Y. Non-regenerative multi-hop MIMO relays using MMSE-DFE technique//IEEE Global Telecommunications Conference, Miami, 2010.

[10] Rui X, Hou J, Zhou L. On the performance of full-duplex relaying with relay selection.

Electronics Letters, 2010, 46(25): 1674-1676.

[11] Lee C H, Lee J H, Kwak Y W, et al. The realization of full duplex relay and sum rate analysis in multiuser MIMO relay channel//The 72nd IEEE Vehicular Technology Conference, Ottawa, 2010.

[12] Hatefi A, Visoz R, Berthet A O. Joint network-channel distributed coding for the multiple access full-duplex relay channel//The 2nd International Congress on Ultra Modern Telecommunications and Control Systems and Workshops, Moscow, 2010.

[13] Li Z, Peng M, Wang W. A network coding scheme for the multiple access full-duplex relay networks//The 6th International ICST Conference on Communications and Networking in China, Harbin, 2011.

[14] Ng D W K, Schober R. Dynamic resource allocation in OFDMA systems with full-duplex and hybrid relaying//IEEE International Conference on Communications, New York, 2011.

[15] Yamamoto K, Haneda K, Murata H, et al. Optimal transmission scheduling for a hybrid of full-and half-duplex relaying. IEEE Communications Letters, 2011, 15(3): 305-307.

[16] Miyagoshi M, Yamamoto K, Haneda K, et al. Multi-user transmission scheduling for a hybrid of full-and half-duplex relaying//The 8th International Conference on Information, Communications and Signal Processing, Singapore, 2011.

[17] Riihonen T, Werner S, Wichman R. Hybrid full-duplex/half-duplex relaying with transmit power adaptation[J]. IEEE Transactions on Wireless Communications, 2011, 10(9): 3074-3085.

[18] Kang X, Zhang R, Liang Y C, et al. Optimal power allocation strategies for fading cognitive radio channels with primary user outage constraint[J]. IEEE Journal on Selected Areas in Communications, 2011, 29(2): 374-383.

[19] Ivashkina M, Andriyanova I, Piantanida P, et al. Block-Markov LDPC scheme for half-and full-duplex erasure relay channel//IEEE International Symposium on Information Theory, Saint-Petersburg, 2011.

[20] Liu Y, Xia X G, Zhang H. Distributed space-time coding for full-duplex asynchronous cooperative communications. IEEE Transactions on Wireless Communications, 2012, 11(7): 2680-2688.

[21] Kim H, Lim S, Wang H, et al. Optimal power allocation and outage analysis for

cognitive full duplex relay systems. IEEE Transactions on Wireless Communications, 2012, 11(10): 3754-3765.

[22] Krikidis I, Suraweera H A, Smith P J, et al. Full-duplex relay selection for amplify-and-forward cooperative networks. IEEE Transactions on Wireless Communications, 2012, 11(12): 4381-4393.

[23] Cheng W, Zhang X, Zhang H. Full/half duplex based resource allocations for statistical quality of service provisioning in wireless relay networks//The 31st Annual IEEE International Conference on Computer Communications, Orlando, 2012.

[24] Ng D W K, Lo E S, Schober R. Dynamic resource allocation in MIMO-OFDMA systems with full-duplex and hybrid relaying. IEEE Transactions on Communications, 2012, 60(5): 1291-1304.

[25] Bliss D W, Hancock T M, Schniter P. Hardware phenomenological effects on cochannel full-duplex MIMO relay performance//IEEE Asilomar Conference on Signals, Systems and Computers, Pacific Grove, 2012.

[26] Day B P, Margetts A R, Bliss D W, et al. Full-duplex MIMO relaying: achievable rates under limited dynamic range. IEEE Journal on Selected Areas in Communications, 2012, 30(8): 1541-1553.

[27] Ivashkina M, Andriyanova I, Piantanida P, et al. Erasure-correcting vs. erasure-detecting codes for the full-duplex binary erasure relay channel//IEEE International Symposium on Information Theory, Cambridge, 2012.

[28] Ju H, Lim S, Kim D, et al. Full duplexity in beamforming-based multi-hop relay networks. IEEE Journal on Selected Areas in Communications, 2012, 30(8): 1554-1565.

[29] Zhong B, Zhang D, Zhang Z, et al. Opportunistic full-duplex relay selection for decode-and-forward cooperative networks over Raleigh fading channels//International Camp on Communication and Computers, Kyoto, 2013.

[30] Lee J H, Shin O S. Full-duplex relay based on distributed beamforming in multiuser MIMO systems. IEEE Transactions on Vehicular Technology, 2013, 62(4): 1855-1860.

[31] Zheng G, Krikidis I, Ottersten B. Full-duplex cooperative cognitive radio with transmit imperfections. IEEE Transactions on Wireless Communications, 2013, 12(5): 2498-2511.

[32] Ju H, Lee S, Kwak K, et al. A new duplex without loss of data rate and utilizing selection diversity//IEEE Vehicular Technology Conference, Marina Bay, 2008.

[33] Krikidis I, Suraweera H A, Yuen C. Amplify-and-forward with full-duplex relay selection// International Camp on Communication and Computers, Cluj-Napoca, 2012.

[34] Zhong B, Zhang Z S, Chai X M, et al. Performance analysis for opportunistic full-duplex relay selection in underlay cognitive networks. IEEE Transactions on Vehicular Technology, 2015, 64(10):4905-4910.

[35] Zhong B, Zhang D, Zhang Z. Power allocation for opportunistic full-duplex based relay selection in cooperative systems. KSII Transactions on Internet and Information Systems, 2015, 9(10):3908-3920.

[36] Yoo T, Goldsmith A. On the optimality of multiantenna broadcast scheduling using zero-forcing beamforming. IEEE Journal on Selected Areas in Communications, 2006, 24(3): 528-541.

[37] Iltis R A, Kim S J, Hoang D A. Noncooperative iterative MMSE beamforming algorithms for Ad Hoc networks. IEEE Transactions on Communications, 2006, 54(4): 748-759.

[38] Gao Q, Chen G, Liao L, et al. Full-duplex cooperative transmission scheduling in fast-fading MIMO relaying wireless networks//International Conference on Computing, Networking and Communication, Honolulu, 2014.

[39] Wong K K. Maximizing the sum-rate and minimizing the sum-power of a broadcast 2-user 2-input multiple-output antenna system using a generalized zeroforcing approach. IEEE Transactions on Wireless Communications, 2006, 5(12): 3406-3412.

第 8 章　全双工技术的未来研究方向

8.1　低复杂度软/硬件全双工系统设计与实现

尽管全双工模式在数据传输速率、信道中断概率、误比特率、空间分集增益等多个方面相对于传统的半双工模式均具有明显的优势，但上述优势的获得对全双工设备的软硬件复杂度提出了更高的要求。

(1)为了实现高性能的自干扰消除，全双工设备必须配备比传统半双工设备更加复杂的射频功能模块、高性能多天线预编码/解码信号处理模块、高精度自干扰信道估计模块等，从而使得全双工系统的复杂度大大提高。同时，研究结果表明，相对于半双工模式而言，增加缓存容量更有利于全双工模式性能的提升[1]。上述问题的解决使得全双工通信系统对设备的缓存容量提出了更高要求。

(2)硬件系统设计的局限性极大地限制了全双工系统性能优势的发挥。同时，非理想的自干扰消除有可能导致全双工系统数据吞吐量远远达不到两倍于半双工系统的程度，在高干扰功率的环境下甚至有可能获得比半双工模式更低的数据速率。

(3)此外，在现有自干扰消除算法中，全双工设备硬件复杂度既受到发送天线数量的影响，又受到接收天线个数的影响，其复杂度通常是上述两个天线个数的增函数。高性能预编码/解码、波束赋形、MMSE 接收滤波等算法均需要借助于 SVD 等数学工具对多天线信道矩阵进行分解，而上述操作的复杂度均随着天线数量的增加而呈现非线性增长趋势。已有研究通过对全双工设备的硬件进行改进，显著降低了相关设备的硬件复杂度，使得改进系统的复杂度随着接收天线数量的增加而线性增长。然而，在多天线系统中，随着接收天线个数的增加，线性增长的硬件复杂度仍然严重制约着全双工通信设备的可实现性。

8.2　模拟域与数字域自干扰消除算法之间的相互依存性

现有的很多工作通常假设模拟域与数字域自干扰消除算法相互独立,即假设一个独立运行的数字域消除算法的自干扰消除能力为 30dB,则当该算法级联到模拟域消除算法之后,若后者的消除能力同样为 30dB,则级联架构将获得 60dB 的总消除能力。然而,这一结论被 Duarte 等证明是错误的。研究结果表明,当采用模拟域与数字域级联架构进行自干扰消除时,由于相位噪声的存在,数字域消除性能严重依赖于模拟域消除性能,当模拟域消除算法消除能力提升时,所级联的数字域自干扰消除算法的能力将随之下降,进而可能导致整个级联架构下自干扰消除总能力的下降。因此,如何打破模拟域与数字域消除算法二者之间的跷跷板效应、设计有效的模拟域与数字域级联架构以提高全双工设备整体自干扰消除能力,是设计全双工通信系统面临的一个巨大挑战。

8.3　移动终端设备尺寸的限制

在多天线设备中,采用被动干扰抑制(Passive Suppression)方法能够有效地降低自干扰信号的功率。然而,该方法的实现需要借助于较大的发射天线-接收天线距离来造成自干扰信号的大尺度衰落。在现有的移动终端设备中,由于其尺寸受限,通常很难达到被动干扰抑制的性能需求。此外,被动干扰抑制的性能还受到天线放置方法、波束赋形方向等诸多因素的影响,这在一定程度上降低了该方法的有效性与实用性。

8.4　全双工模式在实际应用场景中的有效性

尽管全双工模式相比半双工模式具有显著的技术优势以及性能增益,然而在某些信道环境下,全双工模式的一些性能指标反而低于半双工模式。

(1)全双工通信系统建模。复杂的射频环境(如认知无线电环境、MIMO、多用户等)对全双工软硬件系统设计以及信道建模提出了新的挑战。

(2)高信噪比区间内的性能。尽管全双工模式在中、低信噪比环境下能够获得比半双工模式更高的数据吞吐量以及频谱效率,但在高信噪比区间,其性能增益弱于后者。

(3)高业务负荷区间内性能下降。随着传输数据速率的增加,全双工模式的性能优势相对于半双工将有所下降。

(4)链路可靠性下降。在任何信噪比环境下,全双工模式的链路可靠性均劣于半双工模式。相比半双工模式,全双工模式能够获得其 88% 的链路可靠性。然而,在不执行数字干扰消除的情况下,该可靠性降为半双工模式的 67%[2]。

(5)较高丢包率。全双工模式下的节点必须承载比半双工模式更高的数据流量,因此更容易导致较高的丢包率。

(6)更高的缓存需求。为了降低数据丢包率,全双工模式的节点必须配备一个足够大的缓存,从而使得那些原本应该丢弃的数据包(例如,由同时收发操作导致的缓存不足)得以暂时保存在队列里。全双工节点需要处理几乎两倍于半双工节点的数据流量,因此需要更高的缓存空间。

(7)新的算法设计。尽管理论上全双工模式能够取得比半双工模式更高的信道容量、空间自由度以及更低的误码率,但这依赖于高性能自干扰消除。此外,必须针对全双工系统设计更有效的信道编码、中继选择算法、资源分配算法以及多用户 MIMO 传输机制,从而更充分地发挥全双工模式的技术优势。

(8)混合双工模式。全双工模式并非在所有的信道环境以及应用场景下均优于半双工模式。建立有效的混合双工模式,能够使得通信节点根据当前信道环境在全双工与半双工模式之间进行切换,从而更为有效地提高整个系统的频谱效率。

(9)宽带系统下的全双工模式适用性。虽然全双工模式在窄带、低功耗系统中(如 IEEE 802.15.4)能够有效地提升频谱效率,但其在宽带、高传输功率系统中的适用性有待进一步研究。此外,系统带宽以及传输功率的增加对全双工设备自干扰消除技术提出了新的挑战。

8.5　全双工 MAC 协议设计

在全双工 MAC 协议的设计中,尽管许多经典问题(如隐藏节点问题、网络拥塞问题、端到端时延过长问题等)都能得到很好地解决,但仍有许多关键问题亟待进一步处理。

(1)低功耗全双工 MAC 协议设计与实现。由于无线移动终端(如传感器节点)的尺寸受限,为了延长携带电池的使用寿命,必须尽量减小节点的能量消耗。低功耗全双工 MAC 协议的设计对于提高整个全双工网络的生存性至关重要。

(2)自组织网络中的全双工 MAC 协议设计。与集中控制式网络不同,自组织网络通常需要借助于本地化操作来实现网络节点间的组网与通信。这就要求全双工 MAC 协议必须有效解决自组织网络中的频谱接入与冲突检测、冲突避免等问题。

(3)无线认知网络中的全双工 MAC 协议设计。尽管全双工模式能够有效解决无线认知网络中的主接收用户检测问题,然而由于这一过程需要较长的判决时间,难以适用于实时通信场景下。因此,全双工 MAC 协议必须具有很快的收敛速度。此外,复杂认知环境下的可靠认知用户识别也对全双工 MAC 协议的设计与实现提出了新的挑战。

(4)全双工 MAC 协议必须很好地兼容现有传统半双工 MAC 协议,合理维持不同双工模式用户间的公平调度与资源共享。

8.6　认知无线电环境下的全双工协作通信

尽管全双工中继能够有效地提升网络的频谱效率并拓展无线信号覆盖范围,然而复杂的认知无线电环境将使得全双工设备遭受更强的干扰信号。因此,必须设计高性能的全双工中继协议,同时建立可靠的频谱资源共享机制并消除用户间干扰,以此提高全双工中继节点的数据传输效率。此外,必须优化全双工设备的缓存空间,降低全双工中继节点的丢包率。

8.7　小　　结

本章对当前全双工通信技术所面临的重要挑战进行了总结。随着电子元器件性能的不断突破,某些技术挑战(例如,自干扰信号消除能力、功率的估计精度、相位噪声的估计精度等)可以通过采用高性能器件得到缓解。尽管如此，新的技术挑战仍在不断出现。当无线通信系统采用更大带宽以获得更高数据速率时，宽带自干扰信号消除将为未来无线全双工系统提出新挑战。受限于元器件理想工作频率、带宽等因素，未来无线全双工系统必须能够在更大带宽范围内有效降低残存自干扰。此外，自干扰信号的强度与全双工设备发射功率正相关，具有超高发射功率的全双工通信设备对自干扰消除提出了更大挑战。最后，若全双工设备采用更高的天线数量（例如，远远超过 2 根天线），则无论是超高的模拟域自干扰消除电路复杂度，还是过高的数字域自干扰信道估计开销，都将是目前全双工技术难以承受的。随着多天线技术的广泛应用，未来无线全双工系统必须解决上述难题。

参 考 文 献

[1] Aggarwal V, Duarte M, Sabharwal A, et al. Full-or half-duplex? a capacity analysis with bounded radio resources//IEEE Information Theory Workshop, Lausanne, 2012.

[2] Muller A, Yang H C. Dual-hop adaptive packet transmission with regenerative relaying for wireless TDD systems//Global Telecommunications Conference, Honolulu, 2009.

索　引

彩　图

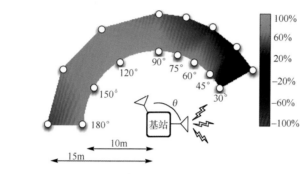

(a) 方向性天线采用射频和数字消除

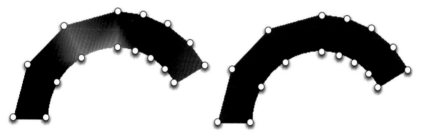

(b) 方向性天线仅采用数字消除　　　　　　(c) 全向天线采用射频和数字消除

图 4-4　当 θ 和距离变化时，与半双工相比全双工的速率提升百分比示意图

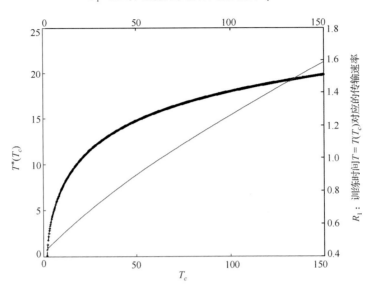

$P_1 = 200$时，最优训练时间及对应的速率R_1

图 5-3 当 P_1=200 时，最优训练时间以及相应的 R_1

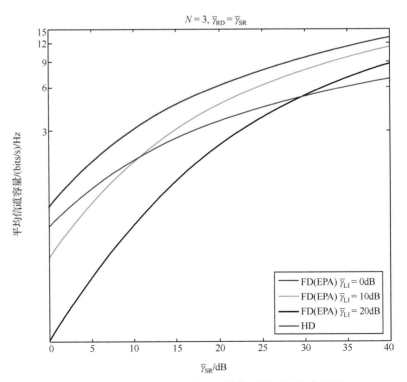

$N = 3, \bar{\gamma}_{RD} = \bar{\gamma}_{SR}$

FD(EPA) $\bar{\gamma}_{L1} = 0$dB
FD(EPA) $\bar{\gamma}_{L1} = 10$dB
FD(EPA) $\bar{\gamma}_{L1} = 20$dB
HD

图 7-13 HD 模式和 EPA 方式 FD 模式下的平均信道容量